小麦玉米周年"吨半粮"产能创建技术与实践

李宗新　赵同凯　郑光辉　主编

中国农业出版社

北　京

图书在版编目（CIP）数据

小麦玉米周年"吨半粮"产能创建技术与实践 / 李宗新，赵同凯，郑光辉主编 . —北京：中国农业出版社，2024.5
ISBN 978 - 7 - 109 - 31962 - 2

Ⅰ.①小… Ⅱ.①李…②赵…③郑… Ⅲ.①小麦—高产栽培—栽培技术②玉米—高产栽培—栽培技术 Ⅳ.①S51

中国国家版本馆 CIP 数据核字（2024）第 096580 号

中国农业出版社出版
地址：北京市朝阳区麦子店街 18 号楼
邮编：100125
责任编辑：廖　宁　　文字编辑：牟芳荣
版式设计：书雅文化　　责任校对：周丽芳
印刷：中农印务有限公司
版次：2024 年 5 月第 1 版
印次：2024 年 5 月北京第 1 次印刷
发行：新华书店北京发行所
开本：787mm×1092mm　1/16
印张：10.25
字数：250 千字
定价：78.00 元

编 写 人 员 名 单

学术顾问：王福祥　刘开昌　孙丰勇

主　　编：李宗新　赵同凯　郑光辉

副 主 编：张洪星　张　煜　张宝东　刘佰霖

　　　　　王宏栋　唐　红　陈　超　罗付义

　　　　　万金红

编写人员（按姓氏笔画排序）：

王　良	王　欣	王玉霞	王旭景	王荣堂
王朝霞	王富建	尹成林	代红翠	白　夜
曲学纯	吕　鹏	朱兰香	刘　晴	刘绍锋
刘春晓	杜梦扬	李子双	李志伟	李志敏
李洪杰	杨淑明	沈玉文	张　宾	张　慧
张立宏	岳永华	周晓琳	赵文路	赵启辉
姜　伟	钱　欣	徐晓青	高英波	高建胜
高洪祥	郭建军	韩　双	韩　伟	樊庆琦

前　言

　　粮食安全是"国之大者"，是关乎全局和长远的战略问题。近年来，党中央、国务院高度重视粮食安全，提出"确保谷物基本自给、口粮绝对安全"的新粮食安全观。党的二十大报告提出"牢牢守住十八亿亩耕地红线，逐步把永久基本农田全部建成高标准农田，深入实施种业振兴行动，强化农业科技和装备支撑，健全种粮农民收益保障机制和主产区利益补偿机制，确保中国人的饭碗牢牢端在自己手中"。我国土地资源的基本国情是地少人多，耕地有限，单靠增加种植面积提高粮食产量的潜能已经非常有限，我国粮食生产早已进入到单产决定总产的时代。2022年中央农村工作会议提出实施新一轮千亿斤粮食产能提升行动，全国各地正在围绕提高单产积极开展有益探索与实践。受自然禀赋和生产条件的影响，我国区域粮食单产水平差异较大，提高单产面临的生产与技术限制因素各不相同，尚未有总结归纳的关于粮食生产要素高效利用、良种良机良法深度融合的可借鉴、可复制、可推广、标准化、集成化的粮食增产增效技术模式，一定程度上制约了粮食产能稳步提升。

　　德州市地处鲁西北平原，是全国重要的粮食主产区，常年粮食产量占全国1%、全省1/6，是全国首个"亩产过吨粮、总产过百亿斤"的地级市，是全国5个整建制粮食高产创建试点市之一。为扛稳扛牢粮食安全政治责任，2021年9月，德州市率先启动实施"吨半粮"生产能力建设。这是全国首个大面积从理论到实践、从科技到生产、从政策到落实的具体举措，具有重大的首创示范和典型引领作用，可为全国"新一轮粮食产能提升行动"提供"德州方案"、贡献"德州力量"。基于此，山东乡村振兴实践研究院牵头，会同德州市农业科学研究院、德州市农业技术推广与种业中心、德州市农业机械服务中心、山东省农业科学院等单位的一线科研推广人员，在充分吸收和借鉴省内外粮食高产创建相关工作进展的基础上，立足德州"吨半粮"产能创建面临的制约因素和实施经验，结合各自的技术和推广经验共同编写本书。

本书力求学术性和实用性有机结合，是德州市粮食高产创建工作实践成效和编写团队工作成果的集中反映，也是新时期省内外粮食高产创建理论和技术的系统总结，以期进一步满足"吨半粮"产能创建对小麦玉米品种、农业机械和关键技术的更高要求，加快优良品种、新型农机装备和新技术新产品的集成应用，为小麦玉米周年"吨半粮"产能创建提供较为通俗的技术指导。全书共有5章，包括"吨半粮"产能创建组织管理实施、主推技术、优良作物品种、重点农机装备以及小麦玉米周年"吨半粮"生产能力建设的实践与思考，附录详细阐述了"吨半粮"生产能力建设技术规范。本书通过概括叙述品种性状、技术要点、机械功能、标准规范，从"吨半粮"产能周年创建角度形成了科学、严谨、全面、规范的技术体系。希望本书为从事粮食高产创建的广大科研人员、农技推广人员、农民和新型农业经营主体负责人等提供参考。

本书编写过程中得到全国农业技术推广服务中心、山东省农业技术推广中心等单位的支持和指导，得到山东乡村振兴实践研究院专项、中央引导地方科技发展专项资金项目（YDZX2022095）、山东省玉米产业技术体系（SDAIT-02-07）、黄河流域粮油复合种植深度节水模型构建及关键技术研发与示范（2023CXGC010703）等计划的支持和帮助，在此一并表示感谢。

由于编者水平有限，难以把小麦玉米周年"吨半粮"产能创建涉及的知识阐述详尽，书中难免有不妥及疏漏之处，敬请读者批评指正。

编　者

2023 年 12 月

目　录

前言

第一章 "吨半粮"产能创建组织管理实施

"吨半粮"是指一年内粮食亩①单产超过1 500千克的种植制度。德州市地处鲁西北平原，是全国首个"亩产过吨粮、总产过百亿斤②"的地级市。为坚定扛稳扛牢粮食安全政治责任，德州市在全国率先开展小麦玉米周年"吨半粮"产能创建，作为"藏粮于地、藏粮于技"的有益实践，统筹推进良种、良田、良法、良机、良户、良网深度融合，深入实施"六大工程"，带动粮食生产绿色高质高产高效发展，努力把"吨半粮"创建区打造成全国粮食绿色高产高效发展样板。"吨半粮"生产能力建设是一项系统复杂的工程，需要政府、科研单位、农技推广机构、企业、社会化服务组织、新型农业经营主体等各方合力参与。本章立足于德州市"吨半粮"产能创建的实践过程和经验，介绍如何组织开展实施"吨半粮"生产能力建设，以供各方参考。

2021年9月，德州市制定了《德州市吨半粮生产能力建设方案》，并经过院士领衔的专家论证（图1-1），正式启动"吨半粮"产能创建。2021年10月，德州市出台了《中共德州市委 德州市人民政府关于开展"吨半粮"生产能力建设工作的意见》，对创建任务进行分工，明确全市创建目标、创建时限及创建的重点工作。2021年小麦秋种开始，德州市集中整合技术力量，开展高产技术攻关，采取关键技术集成栽培措施，实施"吨半粮"生产能力建设，计划利用5年时间，建成全国第一个大面积"吨半粮"示范区，带动全市粮食大面积均衡增产。随后，德州市相继出台《德州市"吨半粮"生产能力建设考核奖励办法》和《德州市"吨半粮"生产能力建设测产方案》，并委托山东省作物学会统一组织测产作为创建完成情况的评价依据。经过两年多的先行先试，德州市"吨半粮"生产能力建设走在了山东省乃至全国的前列，其组织实施经验值得参考借鉴。

图1-1 《德州市吨半粮生产能力建设方案》论证会在北京召开

---

① 亩为非法定计量单位。1亩≈667米²。
② 斤为非法定计量单位。1斤=500克。

第一节　德州市吨半粮生产能力建设方案

为深入贯彻落实习近平总书记关于"粮食安全"的重要指示精神，坚定扛牢保障国家粮食安全政治责任，充分发挥农业大市优势，深入挖掘粮食增产潜力，大力提升粮食综合产能，推动粮食生产高质量发展，扎实有效推进 2021—2026 年德州市"吨半粮"生产能力建设工作，德州市制定了《德州市吨半粮生产能力建设方案》。

一、重要意义

粮食安全是"国之大者"，粮食问题始终是党中央、国务院高度关注的重大战略问题。中央始终高度重视粮食安全，把解决好中国人的吃饭问题作为治国理政的头等大事来抓，提出了"确保谷物基本自给、口粮绝对安全"的新粮食安全观，确立了"以我为主、立足国内、确保产能、适度进口、科技支撑"的国家粮食安全战略，采取了一系列政策措施促进粮食生产稳定发展。粮食连年丰收为稳定经济社会发展大局提供了坚实支撑。在人多地少、资源环境承载能力趋紧、居民消费结构不断升级的形势下，我国将长期维持粮食产需总量紧平衡的态势。2020 年以来，国内粮食市场出现了一定波动，凸显出我国粮食安全的基础仍存在一些薄弱环节。同时，疫情背景下，国人对粮食安全的关注程度更高，粮食市场的敏感性更强，不少粮食出口国相继限制粮食出口，全球粮食供应链受到明显影响。这些情况更加凸显了"中国饭碗主要要装中国粮"的重要性。保障粮食安全是我国面临的长期任务，任何时候这根弦都不能松。作为全国重要的粮食主产区，德州市坚决扛稳粮食安全责任，深入践行新粮食安全观，坚决落实习近平总书记重要指示，全力打造乡村振兴齐鲁样板，深入落实省委"要求德州在打造乡村振兴齐鲁样板中率先突破"的总体要求。德州市委、市政府决定，"十四五"期间开展"吨半粮"产能创建行动，充分发挥农业大市优势，深入挖掘粮食增产潜力，大力提升粮食综合产能，推动粮食生产高质量发展，为保障国家粮食安全作出新的德州贡献。

二、基础和优势

德州市地处山东省西北部，辖 2 区 2 市 7 县和 1 个经济开发区，总人口 581 万人，其中农业人口 270 万人；总面积 1.03 万千米^2，其中耕地面积 965 万亩，全市基本农田面积792.45 万亩。德州是传统的农业大市，是全国重要的粮食、蔬菜、畜牧主产区，是国家现代农业示范区、国家农业科技园区、京津冀优质农产品供应基地。德州是全国 5 个整建制粮食高产创建试点市之一，通过加强组织领导、创新发展理念、强化支撑保障等措施，全国产粮大市的地位日益稳固，创造了粮食高产的"德州模式"。先后 4 次被评为全国粮食生产先进市，6 个县市 26 次被评为全国粮食生产先进县。2009 年，德州市粮食生产率先在全国实现"亩产过吨粮、总产过百亿"，省政府给予德州市农业局记集体一等功，这是新中国成立以来省政府第一次给予市直单位记集体一等功。2010 年，农业部、山东省政府联合在德州市召开了"德州市亩产过吨粮经验总结会"，全面总结推广德州经验。2011 年，粮食高产创建"德州模式"在全国推广，全国共选择了 500 个县整体推进，实现了粮食大面积均衡增产，为保障国家粮食安全作出了突出贡献。多年来，德州市持续开展粮食绿色高产创建活动，粮食高产的"德州模式"成了全国的一面旗帜，在粮食高产稳产上探索了成功经验。开展"吨半粮"生产能力建设，保障国家粮食安全，是德州作为全国重要的粮食主产区义不容辞的责任，德州同时也具备诸多有利条件：

1. 气候条件优势明显 德州市气候属暖温带大陆性季风气候，四季分明，干湿季节明显。全市年平均气温 13.2 ℃，各县（市、区）在 12.6～13.8 ℃。全市年平均降水量 535.8 毫米，各县（市、区）在 486.5～563.5 毫米。光热资源丰富，光照充足，全市年平均日照时数 2 483.6 小时，年有效积温（10 ℃ 以上）4 897.0 ℃，平均无霜期长达 208 天。

2. 土壤地力肥沃 德州市地处黄泛平原，由黄河冲积土发育而成，地势平坦，土层深厚，土壤平均有机质含量 1.2%。全市粮食作物测土配方施肥技术推广覆盖率、秸秆综合利用率均达 95% 以上。随着土壤测土配方施肥、秸秆还田和平衡施肥技术的推广，土壤有机质含量持续增加，养分元素趋于平衡，土壤养分供给更加合理。

3. 黄河灌区优势明显 德州市地形自西南向东北倾斜，黄河水从南往北自流浇灌，水浇便利，德州农田因黄河水浇灌而肥沃。现有潘庄、李家岸、韩刘、豆腐窝 4 处引黄灌区，总控制面积 1 494.3 万亩，设计灌溉面积 851.5 万亩，有效灌溉面积 608.05 万亩，年引水许可指标 9.77 亿米^3。

4. 农田基础设施良好 大力推进高标准农田建设，目前德州全市高标准农田达到 607.7 万亩，占耕地总面积的 63%。划定粮食生产功能区 618.38 万亩，占全市基本农田面积的 78%。德州市共有 268 万亩粮食高产创建示范方列入省级建设规划，2017 年已全部建设完成。各高产创建示范方基本达到成方连片，农田设施基本健全，为保障粮食生产提供了硬支撑（图 1-2）。

图 1-2 德州市"吨半粮"生产能力建设核心区

5. 农技推广服务体系完善 依托市、县、乡级农技推广机构构建起"一主多元"的农技推广体系，形成了小麦玉米高产创建技术模式，促进了良种良法、农机农艺有机结合。市、县、乡成立专家技术指导组，深入生产一线，强化指导服务，实现了"万亩区有技术专家、千亩片有技术骨干、百亩田有技术标兵"。大力开展农业技术培训，种粮农民和新型农业经营主体种粮水平较高。全面深化加强与科研院校的深度合作，吸收更多先进成果在德州试验、示范、推广，科技种粮能力明显提升，为实现"吨半粮"产能创建目标提供了技术储备。

6. 农业社会化服务体系健全　大力发展粮食生产适度规模经营，累计发展粮食种植合作社 5 102 家，家庭农场 5 238 家，发展党支部领创办合作社 4 653 个。新（改）建为农服务中心 65 处，发展农业社会化服务组织 2 425 家，探索粮食生产托管服务模式，综合托管率达 70% 以上。全市初步形成以市场化服务组织为依托，公共服务机构为支撑，经营性服务与公益性服务相结合的新型农业社会化服务体系，普遍做到了"群众所需、服务所至"。

7. 组织保障坚强有力　农业农村部、省农业农村厅领导专家在粮食生产政策、项目、智力等多个方面给予重点倾斜帮扶。德州市委、市政府始终把粮食生产作为农业农村工作首要任务，作为"一把手"工程，严格落实党政同责，市委常委会、市政府常务会专题研究，主要领导同志亲自推动，明确了要人给人、要钱给钱、要政策给政策的"三要三给"思路，上下一致、协同作战，为德州市"吨半粮"生产能力建设夯实了组织保障基础。

三、制约因素

1. 灌溉水源不足　德州市的水源主要来自黄河水，有效灌溉面积仅占耕地面积的 71.4%，近 30% 的耕地面积受到水源的限制，农业灌溉难题是德州市粮食稳产增产的重要制约因素。

2. 土壤肥力分布不均　德州市土壤类型以潮土、脱潮土为主，土壤耕层质地以中壤或轻壤为主，近年来农户施肥水平有了较大提高，土壤肥力有了一定提升，但土壤肥力依然是"吨半粮"产能创建的制约因素之一。

3. 农田基础设施不完善　目前，德州市高标准农田建设投资在 1 200～1 500 元/亩，存在总量少、亩均投入低、工程管护薄弱等问题，基础设施配套不完善、利用率不高，影响了农田灌溉、农业生产。农田基础设施仍需进一步完善和提升。

4. 先进农业机械不够　目前，德州市粮食生产机械化程度很高，但是机械装备的先进性还不够，整地、播种、管护、收获等现有机械作业水平与先进机械相比还有较大差距，机械成为创建"吨半粮"高产田的制约因素之一。全面研发和更新机械装备是达到"吨半粮"产能建设的必要条件。

5. 生产组织化程度有待提升　目前，德州市农村土地流转面积占承包地面积的 47.6%，一家一户的小农生产方式还较为普遍，规模化作业水平低，一家一户防病治虫难、个体家庭机械落后、劳动生产率低等问题仍存在，规模化生产还有很大提升空间。

6. 种粮积极性有待提高　随着经济的发展，农村外出务工人数的增加，农田的收入不是家庭的主要收入，农民对粮食生产尤其对高产的意识淡薄，造成粮食生产管护不到位、过分损耗、投入不足等问题突出。农民和新型农业经营主体对"吨半粮"产能创建的积极性不高，这也是重要的制约因素之一。

四、总体思路和创建目标

以习近平新时代中国特色社会主义思想为指导，全面贯彻新发展理念，深入实施"藏粮于地、藏粮于技"战略，以"吨半粮"产能创建为抓手，以绿色化、优质化、智慧化、产业化为特色，加强资源整合，加大资金投入，挖掘粮食产能，提升粮食安全保障能力，推动粮食产业发展，走出一条通过粮食高产高效创建带动乡村振兴的德州道路。深入贯彻落实黄河流域生态保护和高质量发展国家战略，加快完善基础设施条件，改善粮食生产环境，集成推广绿色高产高效生产技术，构建节水增粮增效技术模式，推动农机农艺有效融合，实现高质量发展，努力把"吨半粮"创建区打造成全国粮食绿色高产高效发展样板。

按照"因地制宜、科学规划、以点带面、梯次推进"的工作思路，分区域、分步骤实施。从2021年秋种开始，集中整合技术力量，开展高产技术攻关，采取关键技术集成栽培措施，实施"吨半粮"产能建设。计划利用5年时间，实现全市100万亩核心区平均单产1 500千克以上（小麦产量650千克、玉米产量850千克），300万亩辐射区单产1 200千克以上（小麦产量550千克、玉米产量650千克），600万亩带动区单产1 100千克以上（小麦产量500千克、玉米产量600千克），建成全国第一个大面积"吨半粮"示范区，带动德州市粮食大面积均衡增产。

五、实施内容

"吨半粮"生产能力建设实施六大工程（图1-3）。

（一）高标准农田提升工程

1. 大力改善粮食生产条件 通过实施高标准农田项目，不断完善沟、桥、路、渠、涵、井、林、电等基础设施，集中力量抓好"吨半粮"示范区高标准农田建设，巩固提升粮食生产能力，建成一批集中连片、旱涝保收、稳产高产、生态良好的粮田，确保到2025年全市建成高标准农田775万亩。

2. 全力推进水源工程建设 按照水源、渠系、田间工程统筹规划、配套实施的方式，加大各类引黄工程建设，提高引水灌溉能力，进一步促进农田水利建设，着力增强区域水资源调控和防汛抗旱排涝能力，保障农业用水需求，切实实现核心区粮田达到旱能浇、涝能排。

3. 大力推广节水灌溉 因地制宜推广普及高效节水灌溉技术和设备，克服劳动力不足的制约因素，提高农业用水效率，能够全面实现数字智能化水肥药一体化，确保节水高效、无工操作。

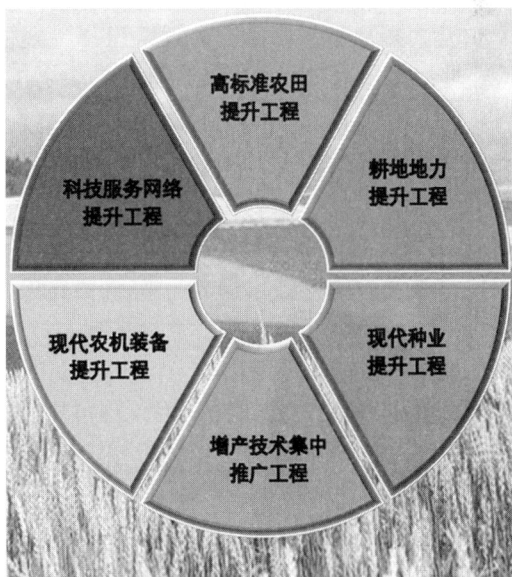

图1-3 "吨半粮"生产能力建设实施六大工程

4. 加强农田基础设施管护 加强农田基础设施的管理和维护，实行片区负责制，及时管护与维修，确保工程设施长期发挥效益。

（二）耕地地力提升工程

1. 大力推广深翻耕技术 通过深翻耕，打破犁底层，增加耕作层厚度，增强土壤蓄水保墒和抗旱防涝能力。一般耕深25厘米以上，每隔2年翻耕1次。

2. 全力提高土壤有机质含量 全面推行秸秆还田，提高还田质量，增加土壤有机质含量。创建区内秸秆还田率达到100%。增施有机肥、生物菌肥、硅肥及中微量元素肥料，改善土壤理化性状，提高土壤肥力，确保养分供应充足，核心区土壤有机质含量达到1.5%。

3. 全面推广先进施肥技术 结合3S技术（地理信息系统GIS、全球卫星定位系统GPS、遥感技术RS）和计算机控制系统，因地制宜推广应用配方精准施肥、种肥同播、三位施肥等技术，提高肥料利用效率，以产定肥，确保示范区内测土配方施肥率为100%。

（三）现代种业提升工程

1. 扎实开展品种筛选、评价工作 设立"吨半粮"生产能力建设高产多抗品种筛选示范区，建立以德州市国家农作物新品种区域试验站为核心的品种试验示范评价推广体系，开展新品种展示示范和评价鉴定，筛选出一批适宜当地栽培的高产、优质、多抗品种。

2. 加强良种繁育基地建设 以陵城区、宁津县等制种大县为核心，以建设种业强镇为引领，借势乡村振兴推进繁种基地建设与高标准农田建设、现代农业产业园、田园综合体、科技专项资金等深度融合，以田间配套设施现代化、繁种生产技术程序化、繁制种人员专业化、质量控制标准化为目标，推进良种繁育基地建设，新建或改造升级一批农作物良种繁育基地，保障良种供给。

3. 全力提高种子质量 适时组织开展繁种田田间检验，加强品种真实性、隔离情况和检疫性病害检查，督促企业加强去杂去劣工作，从源头上保证种子质量。实行种子精选分级，提高用种质量标准，确保使用优质良种，促进苗齐苗壮。大力推广普及种子包衣技术，优良品种包衣率达到100%。开展种子质量监督抽查，严把种子质量关，良种质量合格率达到100%。

（四）增产技术集中推广工程

1. 集成高产高效技术模式 按照"良田、良种、良法、良机、良制、良民"融合要求，在小麦上，重点集成推广宽幅精播、规范化播种、适期晚播、精准施肥、轻简化施肥、加强冬前管理、培育壮苗、"一喷三防"。创建"吨半粮"田，潜力在玉米，重点集成推广机械单粒精播、宽垄密植、"一增四改"、"一防双减"、灌浆后期灌溉、适期晚收，确保小麦-玉米周年种植零茬口对接，最大限度利用光热资源。形成"吨半粮"产能创建技术模式，核心区集成技术推广率达到100%。

2. 开展科学植保防控 坚持"预防为主、综合防治"的植保方针，加强农作物主要病虫害监测、防控体系，加快重大病虫害监测网络建设，改善监测预警条件，提高重大病虫害应急防控能力。及时监测病虫害发生动态，准确预报发生趋势，大力引进应用绿色防控产品和技术,科学制定综合防治方案,综合农业防治、生物防治、物理防治、化学防治技术措施,全面开展统防统治,切实减少灾害损失,核心区专业化统防统治覆盖率达到100%,绿色防控率达到50%以上。

3. 强化农技推广服务能力建设 依托市、县、乡级农技推广机构,及涉农企业、农民合作组织等参与的农技服务机构,构建起"一主多元"的农技推广体系。创新科技服务方式,建立专家定期定点指导和农技人员包片制度,加强对种粮农民和新型农业经营主体的技术指导和培训,推广应用绿色高产新技术。加强村级农业技术服务点建设,使其真正成为连接基层农技推广机构和农民的纽带,推进"科技小院""农科驿站"建设,确保绿色高产技术进村入户。

4. 大力发展适度规模经营 稳步推进种粮农户土地流转,大力扶持培育种粮大户、家庭农场、粮食专业合作社。全力推动农村党支部领创办土地股份合作社发展,坚持"支部主导、群众自愿、风险共担、集体增收"的原则,在全市统一组织动员、创新推进农村党支部领创办土地股份合作社,把土地集中起来,把农民组织起来,实现统一服务和管理。支持各类服务组织聚合种肥药、机械、技术、人才、信息等生产要素,开展全托管、半托管、菜单式服务等农业社会化服务,提升规模经营水平和服务水平。引导农业产业化龙头企业发展订单农业,建立粮食生产基地,推进产加销一体化经营,提高粮食生产组织化程度。大力发展粮食精深加工,开发适销对路产品,培育名牌产品,延长产业链条。

5. 提高防灾减灾能力 加强农业灾害性天气预报预警与评估,做好农业气象跟踪和技术咨询服务,快速、准确、科学、有效地应对气象灾害,最大限度地减轻突发气象灾害对农业生产造成的损失。密切关注极端天气变化,加强预报预警,及早预防小麦冻害、倒春寒、干热风以及玉米热害等灾害,提高小麦玉米周年生产抗逆减灾能力。做好政策性农业保险工作,扩大保险作物面积,增强农业抗风险能力。

(五)现代农机装备提升工程

1. 提升农机装备水平 发展大型动力机械、联合作业机械等适应现代农业发展的先进农机,夯实粮食生产机械化保障能力。提高农机作业能力,抓好机收减损工作落实,核心区农业机械实现更新换代。

2. 实现农机装备智能化 充分利用大数据、物联网等,实现农机装备精准作业,推动农业机械化向全程全面、高质高效发展,粮食生产全程机械化率达到100%(图1-4)。

3. 加大农机农艺结合力度 通过小麦播前机械化精细整地、播前镇压、播后镇压、精播半精播、玉米苗带灭茬直播等,减少用工成本,解决缺苗断垄、出苗整齐度差等问题,真正实现农机农艺有效结合。

图1-4 无人机飞防作业

（六）科技服务网络提升工程

1. 大力开展科技合作　加强与中国农业科学院、中国农业大学、山东省农业科学院、山东农业大学、青岛农业大学等高校、科研院所深度合作，全力在科技联合攻关、科技平台建设、成果转化、人才培养交流等方面取得新的更大成果（图1-5～图1-7）。

图1-5　中国农业科学院小麦、玉米产业专家团德州工作站揭牌

图1-6　中国农业大学国家农业科技战略研究院粮食安全战略实践基地在德州成立

图1-7　"吨半粮"生产能力建设科技服务合作协议签署

2. 科学组建专家技术团队 组建作物栽培专家团队、土壤肥料专家团队、植物保护专家团队、现代种业专家团队、农田建设专家团队、农机信息与装备专家团队、气象与环保专家团队、科研攻关技术团队等人才队伍，原则上每个工作团队由院士领衔，聚焦育繁推现代种业发展、高标准农田建设、农业技术推广、农机装备、农业社会化服务等关键领域，集成科研攻关，提升创新能力（图1-8）。

图1-8 召开秋收秋种工作专家咨询会

3. 大力开展科技服务 组织专家和科技人员，深入生产第一线，搞好指导和服务，提高农民科学种粮水平和积极性。强化基层农技推广服务能力建设，大力开展科技服务，建立专家巡回指导和农技人员包片制度，努力提高绿色高产技术入户率（图1-9）。

图1-9 组织开展技术培训会

六、保障措施

1. 加强组织领导 一是建立农业农村部种植业管理司、山东省农业农村厅、德州市政府三级联创共建体系，组织协调、督导落实"吨半粮"创建工作。二是建立市、县、乡、村四级书记抓"吨半粮"示范区创建工作机制。市级成立由市委、市政府主要负责同志任组长，市委副书记、组织部部长、分管副市长任副组长，各县（市、区）党委主要负责同志、市直有关部门主要负责同志为成员的工作领导小组，全面统筹协调和安排部署创建工作。市、县两级书记整体全面负总责，设立市委、县委书记指挥田，乡镇党委书记抓好本乡镇"吨半粮"创建，村党支部书记抓好本村"吨半粮"田创建（图1-10）。三是各县（市、区）也要建立相应工作推进机制，将"吨半粮"创建工作纳入重要议事日程，列入"一把手"工程，

图1-10 党委书记指挥田

切实做好"吨半粮"创建组织领导、资金整合等工作。

2. 明确责任分工 各级各部门要把"吨半粮"产能创建工作作为一项政治任务抓牢抓实，全力以赴落实好各项创建任务。发展改革部门要加大国家政策项目争取，抓好各类支农项目整合；人社部门要大力引进农业科技人才，积极对接院士专家团队，做好人才服务保障工作；财政部门要加大资金投入力度，列出专项资金支持"吨半粮"产能创建活动；农业农村部门要科学规划，精心组织，围绕良种良法配套、农机农艺结合，抓好优良品种、关键技术推广和高标准农田建设，落实相关增产措施；水利部门要加强水利工程建设，加大农业灌溉用水保障力度；科技部门要做好科研成果转化；气象部门要加强高标准农田气象保障工程建设，为"吨半粮"生产提供精细化气象监测服务和人工影响天气防灾减灾支持。自然资源、生态环境、电力等部门各尽其责，发挥作用，做好相关工作。

3. 强化政策资金扶持 积极争取将"吨半粮"创建列入黄河流域生态保护和高质量发展规划，农业农村部、国家发展改革委等部委予以项目资金支持。大力争取将"吨半粮"创建纳入省级重大项目库并给予重点支持和推进，加大省级财政资金支持。积极整合涉农项目向"吨半粮"产能创建示范区倾斜；要优化财政支农投资结构，支农资金要优先保障"吨半粮"建设需要；市级、县级政府每年都要列出专项资金支持"吨半粮"产能创建。"吨半粮"建设资金要重点用于品种筛选与推广、新技术集成与示范推广、新模式构建与应用、人才团队科研经费投入、现代农机装备投入、基础设施投入等。每年度，市财政对完成"吨半粮"产能创建任务，验收达到标准要求的县（市、区）给予适当奖励。

4. 强化宣传培训 要组织农技人员包片包村到户、驻村蹲点开展技术培训，加强指导服务。充分利用广播、电视、报纸、网络、微信等各类媒体，大力宣传"吨半粮"产能创建的重大意义和重要作用，争取社会各界广泛关注和支持，努力营造良好的舆论氛围和工作环境。

5. 加强督导考核 成立市级督导工作组，对各县（市、区）创建工作开展督导检查，及时解决存在问题，推动各项措施落实。将"吨半粮"产能创建工作列入全市经济社会发

展年度综合考核体系，研究制定考核办法，对年度考核优秀的县（市、区）予以表扬奖励，在财政扶持、涉农项目等安排上予以重点倾斜；对敷衍塞责、推进措施不力、成效不明显的降低考核档次。

第二节 中共德州市委 德州市人民政府关于开展 "吨半粮"生产能力建设工作的意见

为深入贯彻习近平总书记关于粮食安全的重要指示精神，扛牢粮食安全责任，推动粮食绿色高质高产高效发展，德州市委、市政府就开展"吨半粮"生产能力建设工作提出了如下意见。

一、重要意义

粮食安全是"国之大者"。党中央、国务院高度重视粮食安全，提出"确保谷物基本自给、口粮绝对安全"的新粮食安全观。目前，德州市粮食种植面积常年稳定在 1 600 万亩左右，单一靠增加种植面积提高产能的潜力已经非常有限，必须通过提高单产的方式，增强粮田综合生产能力。在农业农村部有关司局、山东省农业农村厅的大力指导下，经过专家充分论证，市委、市政府决定开展"吨半粮"生产能力建设工作，力争打造全国第一个大面积"吨半粮"示范区。开展"吨半粮"生产能力建设工作，是深入贯彻习近平总书记重要指示精神、落实"藏粮于地、藏粮于技"战略的具体实践，是提高粮食产能、应对粮食生产压力的必然要求，是完善农业全产业链、打造"食品名市"的基础工程，对发扬粮食生产优势、补齐产业发展短板，推动现代农业健康发展具有重要意义。

二、指导思想

以习近平新时代中国特色社会主义思想为指导，全面贯彻黄河流域生态保护和高质量发展国家战略，严格落实"藏粮于地、藏粮于技"，以"吨半粮"创建为抓手，加强资源整合，加大资金投入，完善基础设施条件，集成推广绿色高质高产高效生产技术，推动农机农艺融合，提升粮食安全保障能力，促进粮食精深加工，做大做强粮食全产业链，努力把"吨半粮"示范区打造成全国粮食绿色高质高产高效发展样板。

三、创建目标

德州耕地面积 965 万亩，现有一类耕地 220 万亩左右，是全国首个"亩产过吨粮、总产过百亿"地级市，在粮食高产稳产上具有丰富的实践经验。目前 30 万亩耕地小麦、玉米两季合计单产达 1 500 千克，180 万亩耕地达 1 200 千克，具备进一步攻单产、增总产的潜力。按照"因地制宜、科学规划、以点带面、梯次推进"的工作思路，分区域、分步骤实施。从 2021 年秋种开始，开展"吨半粮"生产能力建设工作。争取利用 5 年时间，实现 100 万亩核心区单产 1 500 千克以上（小麦产量 650 千克、玉米产量 850 千克），300 万亩辐射区单产 1 200 千克以上（小麦产量 550 千克、玉米产量 650 千克），600 万亩带动区单产 1 100 千克以上（小麦产量 500 千克、玉米产量 600 千克），力争在全国建成第一个大面积"吨半粮"示范区,带动粮食绿色高质高产高效发展。

四、重点工作

1. 实施高标准农田提升工程,夯实产能基础保障 统筹谋划布局,科学设置"吨半粮"示范区。抓好示范区高标准农田建设,计划到 2025 年建成高标准农田 775 万亩。加大引黄工程建设,增强区域水资源调控和防汛抗旱排涝能力,核心区粮田实现旱能浇、涝能排。推广高效节水灌溉技术,提高用水效率。健全农田设施管护机制,确保长期发挥效益。

2. 实施耕地地力提升工程,筑牢增产肥力根基 严格保护耕地。推广深耕技术,核心区每隔 2 年深耕 1 次。推广秸秆还田技术,确保示范区秸秆还田率达 100%。增施有机肥、生物菌肥等肥料,提高土壤肥力。推广应用配方精准施肥等技术,力争核心区测土配方施肥率达 100%。

3. 实施现代种业提升工程,保障良种有效供给 设立"吨半粮"多抗品种筛选示范区,筛选适宜当地栽培的高产优质多抗品种。推进良种繁育基地建设,保障良种供给。加强种子质量监督抽查,严把质量关。实行种子精选分级,提高用种质量标准。推广种子包衣技术,确保核心区优良品种包衣率达 100%。

4. 实施增产技术模式集成推广工程,强化增产技术支撑 集成推广"吨半粮"产能创建技术模式,核心区落实"六统一"技术,即统一供种、统一深耕、统一播种、统一配方施肥、统一病虫草害防治、统一管理模式。引进应用绿色防控产品和技术,开展病虫草害综合防治。提升农业气象灾害监测能力,加强农业天气预报预警,做好气象技术保障服务。推进政策性农业保险高质量发展,增强抗风险能力。推广"土地股份合作+全程托管服务",扶持种粮大户、家庭农场、粮食专业合作社发展村党组织领办合作社,支持开展农业社会化服务。

5. 实施现代农机装备提升工程,推进农机农艺融合 发展大型动力机械、联合作业机械等先进农机装备,核心区农业机械实现更新换代。利用大数据、物联网等,实现农机装备精准作业,确保粮食生产全程机械化率达 100%。推进机收减损工作,提高规范农机作业能力。

6. 实施科技服务网络提升工程,推动关键技术研发应用 加强与高校、科研院所合作,组建由院士或行业领军人才领衔的专家团队,聚焦现代种业、高标准农田建设、农业技术推广、农机装备、社会化服务等领域集成科研攻关。完善以各级农技推广机构为主、涉农企业、合作组织等共同参与的农技推广体系。建立专家指导和农技人员包片制度,加强培训指导,确保绿色高产技术进村入户。

五、保障措施

1. 加强组织领导 建立四级书记抓"吨半粮"创建机制,设立市委、县委主要负责同志指挥田。市级成立由市委、市政府主要负责同志任组长的领导小组,统筹协调推进。县市区为创建主体,要抓好核心区建设,优化粮食生产功能区布局,将"吨半粮"落实到重点乡镇、重点村和具体地块,实行挂图作战。镇村具体落实,分别抓好重点村、重点方田创建。将"吨半粮"创建列入县市区高质量发展综合绩效考核，制定考核奖励办法，强化督导推动。

2. 加大政策资金扶持 市、县每年安排专项资金推进"吨半粮"生产能力建设，以县级投入为主，市级财政给予适当补助，专项资金重点用于品种筛选与推广、新技术集成与示范推广、科研经费投入、现代农机装备投入、基础设施投入等。整合涉农资金向"吨半粮"示范区倾斜。发挥农业农村部种植业管理司、省农业农村厅、市政府联创共建优势，争取更多项目、资金、政策支持。争取将"吨半粮"创建列入黄河流域生态保护和高质量发展规划及省级重大项目库。建立政府支持引导、社会广泛参与的多元投入机制。

3. 强化宣传引导 市、县对"吨半粮"镇、"吨半粮"村、"吨半粮"户和达到"吨半粮"产能的家庭农场、农民合作社进行奖励，组织开展"粮王"比赛。加强"吨半粮"创建宣传，及时总结好经验、好做法，营造良好氛围，推动工作深入开展（图1-11、图1-12）。

图1-11 "吨半粮"产能创建宣传横幅

图1-12 2023年德州市"登海杯"粮王大赛启动仪式

第三节 德州市"吨半粮"生产能力建设考核奖励办法

为推进德州市"吨半粮"生产能力建设工作落实，德州市制定了考核奖励办法。

一、考核对象

除德城区、德州经济技术开发区、德州运河经济开发区之外的 10 个县（市、区）。

二、考核内容

主要包括"吨半粮"创建工作管理情况、核心区建设任务完成情况、县级资金保障情况、观摩评议情况等 4 个方面。同时增设考核加分项。

三、评分标准及评分办法

实行百分制考核，分值 100 分。

（一）"吨半粮"创建工作管理情况（10 分）

1. 组织领导 成立"吨半粮"生产能力建设工作领导小组和技术指导小组，制定工作措施。（5 分）

2. 建立档案 档案管理规范、设置合理，有专人负责，及时上报工作总结和农情信息。（5 分）

（二）核心区建设任务完成情况（70 分）

1. 核心区创建 小麦、玉米两季单产达到 1 500 千克产能的核心区面积占全市核心区创建总面积的比例。（30 分）

2. 农田基础设施建设 实现田间网格化、道路林网化、排灌设施化、管理精细化，做到沟路渠桥涵闸配套，成为旱能浇、涝能排的高产粮田。（5 分）

3. 耕地地力提升 核心区推广深耕技术，每隔 2 年深耕 1 次，秸秆还田和测土配方施肥率达 100%。（5 分）

4. 种业提升 设立"吨半粮"生产能力建设高产多抗品种筛选示范区。核心区实行种子精选分级，优良品种包衣率达 100%。（5 分）

5. 技术模式集成推广 核心区全面落实"六统一"技术，即统一供种、统一深耕、统一播种、统一配方施肥、统一病虫草害防治、统一管理模式。应用病虫草害绿色防控技术，加强气象灾害监测及灾害性天气防范。（10 分）

6. 农机装备提升 核心区农业机械实现更新换代，粮食生产全程机械化率达 100%。（5 分）

7. 科技服务网络提升 建立专家技术指导制度和技术人员包片驻点服务制度，广泛开展技术培训与指导工作。（5 分）

8. 农业保险保障 加大政策性农业保险实施力度，核心区小麦玉米入保率达 100%。（5 分）

（三）县级资金保障情况（10分）

1. 财政支持 县级财政安排工作经费和专项资金支持"吨半粮"创建，保障工作顺利开展。（5分）

2. 资金倾斜 整合涉农资金向"吨半粮"示范区倾斜。（5分）

（四）观摩评议情况（10分）

组织各县市区集中观摩评议，根据各县市区工作开展情况评议打分，折算考核得分。

（五）考核加分

1. 会议加分 承接全国全省与粮食生产有关会议的县市区，加1～2分。

2. 宣传加分 被省部级主流新闻媒体宣传推广的、因"吨半粮"创建获得重大科技成果的县市区，加1～2分。

3. 批示加分 经验做法被省部级以上领导批示的，加1～2分。

4. 活动加分 组织开展"粮王"比赛等粮食生产激励活动，加1～2分。

四、结果运用

坚持目标导向、过程导向、结果导向，注重工作过程与创建结果有机结合，加大"吨半粮"创建的奖励力度。市级每年列支不少于1亿元专项奖励资金，支持"吨半粮"创建工作，连续奖励3年。县级每年列支不少于1000万元，用于本县市区"吨半粮"生产能力建设。

（一）奖励形式

采取"以奖代补"方式，依据考核情况对县市区进行奖励。

（二）资金来源

市级奖励资金及县级配套资金主要来源：一是涉农项目资金整合；二是财政预算资金；三是土地出让金收益。

（三）资金用途

一是完善提升"吨半粮"核心区农田基础设施建设。

二是核心区开展"六统一"补贴：统一供种、统一深耕、统一播种、统一配方施肥、统一病虫草害防治、统一管理模式。

三是加强农田水利设施建设，改善农田水浇条件。

四是强化与农业科研院所合作，聘请专家技术团队，加强科技人才队伍建设，保障科研投入、技术示范推广、技术培训等工作。

五是组织"粮王"比赛等粮食生产激励活动，对"吨半粮"镇、"吨半粮"村、"吨半粮"户及达到"吨半粮"产能的新型农业经营主体进行奖励。

六是"吨半粮"创建工作会议、培训、观摩、技术指导、测产验收、媒体宣传等方面。

第四节 德州市"吨半粮"生产能力建设测产方案

一、总则

（一）主要目的

为认真落实《中共德州市委 德州市人民政府关于开展"吨半粮"生产能力建设工作

的意见》（德发〔2021〕20 号）精神，进一步推动德州市"吨半粮"产能建设，规范测产程序、测产方法和信息发布等工作，确保粮食产量数据真实性、准确性，结合德州市实际，德州市制定了本办法。

（二）适用范围

本方案适用于德州市"吨半粮"生产能力建设测产工作。

二、指导思想和工作原则

（一）指导思想

按照科学规范、公开透明、客观公正、严格公平的要求，突出标准化和可操作性，遵循县级初测、市级复测、省级抽测的程序，统一标准，逐级把关，阳光操作，确保"吨半粮"生产能力创建测产顺利开展。

（二）工作原则

全市"吨半粮"生产能力创建测产遵循以下原则：

1. 以市为主 分作物、分时间、分层次进行测产，由市农业农村局统一组织全市测产工作，并对测产结果负责。

2. 科学选点 县、市、省三级选择"吨半粮"核心区有代表性的区域、有代表性的地块和有代表性样点进行测产，确保选点科学有效。

3. 统一标准 实行理论测产和实收测产相结合，统一标准，规范运作。

三、测产程序

（一）县级初测

在小麦、玉米成熟前 15～20 天，各县（市、区）组织技术人员对"吨半粮"核心区进行理论测产，及时汇总初测数据，保存测产有关资料备验，并将测产和预产结果及时上报市农业农村局。同时，根据初测结果，对有望实现"吨半粮"产能目标（小麦亩产量 650 千克、玉米亩产量 850 千克）的地块收获前 10 天报请市局复测或实打。

（二）市级复测

根据初测结果，市农业农村局组织专家重点对各县市区有望实现"吨半粮"产能目标的地块进行复测或实打，与"粮王"大赛实打相结合。

（三）省级抽测

根据各县市区初测结果，市农业农村局邀请省农技中心组织专家，选择产量较高的地块进行抽测。同时，根据抽测结果，结合全省粮油作物高产竞赛活动，选择产量最高的 1～2 个示范片进行实打。

（四）信息发布

市农业农村局对各市县（市、区）结果进行审核认定，统一发布。在市农业农村局未发布之前，有关项目县（市、区）不得自行对外发布。

四、专家组组成和测产步骤

(一)专家组组成

1. 专家条件 测产专家组由 5 名以上具有副高以上职称的从事相关作物科研、教学、推广、统计部门的专家组成。其中,国家级专家 1 名(或者统计部门专家 1 名)、省级专家 1~2 名、市级专家 1~2 名、县级专家 1 名。

2. 责任分工 专家组设正副组长各 1 名,测产专家组长由国家级专家担任,测产实行组长负责制。

3. 工作要求 专家组要坚持实事求是、客观公正、科学规范的原则,独立开展测产工作。

(二)测产步骤

1. 前期准备 专家组首先听取各县(市、区)农业农村部门汇报"吨半粮"产能创建、测产组织、自测结果等方面情况,查阅"吨半粮"产能创建有关档案和资料。

2. 制定方案 根据汇报情况和档案记载,专家组制定测产工作方案,确定取样方法、测产程序和人员分工。

3. 实地测产 根据专家组制定的测产工作方案,专家组进行实地测产,并计算产量结果。

4. 汇总认定 专家组对测产结果进行汇总,并进行审核认定。

5. 出具报告 测产结束后,专家组向市农业农村局提交测产报告。

五、小麦测产方法

(一)理论测产

1. 取样方法 取样方法和样点数量。参照《山东省粮油高产创建测产验收办法》,十亩田:按照对角线取样法取 5 个样点(图 1-13);百亩方:以 20 亩为 1 个测产单元,共分成 5 个单元,每个单元按 3 点取样(图 1-14),共 15 点;万亩片:以 500 亩为 1 个测产单元,共分成 20 个单元。每单元随机取 3 点,共 60 点。理论测产时,每点取 1 米^2,调查亩穗数;在每个样点中随机取 20 穗,调查穗粒数;千粒重按该品种审定公告值计算。

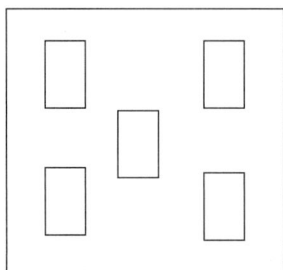

图 1-13

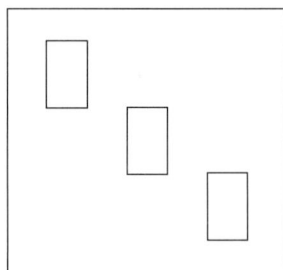

图 1-14

2. 计算公式 理论产量(千克)=每亩穗数(穗)×每穗粒数(粒)×千粒重(克)×10^{-6}×85%。

（二）实收测产

1. 取样方法　在理论测产的单元中随机抽取 3 亩以上连片田块用联合收割机实收，除去麦糠、土块等杂质后称重并计算产量（图 1-15）。实收面积内不去除田间灌溉沟面积，但去除坟地、灌溉主渠道面积；收割前由专家组对联合收割机进行清仓检查；田间落粒不计算重量。按四分法取 2.5 千克籽粒称重、去杂质，计算杂质率。用谷物水分测定仪测定籽粒含水量，重复 10 次，取平均数。

图 1-15　"吨半粮"小麦季实打验收测产

2. 计算公式　实收产量（千克/亩）＝每亩籽粒鲜重（千克）×[1－杂质率（％）]×[1－鲜籽粒含水量（％）]÷(1－13％)。

六、玉米测产方法

（一）理论测产

1. 取样方法　参照《山东省粮油高产创建测产验收办法》，十亩田：按照对角线取样法取 5 个样点；百亩方：以 20 亩为 1 个测产单元，共分成 5 个单元，每个单元按 3 点取样，共 15 点；万亩片：以 500 亩为 1 个测产单元，每单元随机取 3 点，共 60 点。每个样点测量 10 行以上计算平均行距，测量 20 米双行，计穗数和株数，并计算亩穗数；选取有代表性的地段连续取 20 穗，调查穗粒数；百粒重按该品种审定公告计。

2. 产量计算　理论产量（千克/亩）＝亩穗数（穗）×穗粒数（粒）×百粒重（克）×10^{-5}×85％。

（二）实收测产

1. 取样方法　在理论测产的单元中随机抽取 3 亩以上连片田块用联合收获机实收，准确丈量实收面积，收获果穗或籽粒后称重并计算产量。收获前由专家组对联合收获机进行清仓检查。

2. 田间实收

（1）机械收穗。收获全部果穗，称取鲜果穗重，按平均穗重法取 20 个果穗作为标准样本测定鲜穗出籽率和含水率。用谷物水分测定仪测定籽粒含水率，重复 10 次，取平均数。

（2）机械收粒。收获全部籽粒装袋称重，准确丈量收获样点实际面积。用谷物水分速测仪测定水分含量，重复 10 次，取平均值；按四分法取 2.5 千克进行称重、去杂，测定杂质率。

3. 计算公式

（1）机械收穗。鲜穗重（千克/亩）＝[实收重量（千克）÷实收面积（米²）]×667（米²）；出籽率（％）＝样品鲜籽粒重÷样品鲜果穗重；实测产量（千克/亩）＝鲜穗重（千克/亩）×出籽率（%）×[1-籽粒水分含量（%）]÷(1-14%)。

（2）机械收粒。实收产量（千克/亩）=籽粒鲜重（千克）×[1-籽粒水分含量（%）]×[1-杂质率（%）]÷实收面积（亩）÷(1-14%)。

七、附则

归口管理

全市"吨半粮"创建测产工作由德州市农业农村局负责组织实施，本方案自发布之日起试行。

第五节 整建制"吨粮""吨半粮"生产能力建设技术指导意见

为支持各地整建制开展"吨粮""吨半粮"生产能力建设，在山东省打造一批"吨（半）粮"县、"吨（半）粮"镇，促进山东省粮食均衡增产，结合德州市"吨半粮"生产能力建设经验，山东省农业农村厅发布了以下技术意见。

一、基础要求

整建制开展"吨半粮"生产能力建设的地方，应具备以下生产条件。

（一）气候条件

光热资源丰富，光照充足，年平均日照时数在2 300小时以上，年有效积温（10 ℃以上）4 000 ℃以上，年平均降水量550毫米以上，平均无霜期200天以上。

（二）耕地条件

地势平坦、集中连片，土体厚度在100厘米以上，无明显夹沙层或夹沙砾层等障碍层次；土壤肥沃，通透性好，耕作层深度大于25厘米，有机质含量大于1.8%、全氮含量大于1.5克/千克、速效磷含量大于35毫克/千克、速效钾含量大于120毫克/千克。农田排灌系统完善，灌溉保证率100%。

（三）生产要素

规模化生产、社会化服务做到全覆盖，全程机械化率大于99%，种子、肥料、农药等生产资料供应有保障。区域内能够提供人才、技术、产品、信息、气象等科技要素保障。

（四）种植制度

以小麦-玉米一年两熟为主，各地也可探索建立以小麦-水稻、小麦-甘薯等为主的种植制度。

二、小麦生产技术规程

（一）播前准备

1. 秸秆还田 秸秆还田机械要选用甩刀式、直刀式、铡切式等秸秆粉碎性能高的机具，确保作业质量。建议在玉米联合收获机粉碎秸秆的基础上，再用玉米秸秆还田机打

1～2遍，尽量将玉米秸秆打碎打细，秸秆长度在5厘米以下。

2. 合理耕作 采用深耕与旋耕、镇压相结合的方式进行土壤耕作。耕深要达到25厘米以上。为减少开闭垄，应尽量选用带副犁的翻转式深耕犁，深耕犁要配备合墒器，以提高耕作质量。耕后用旋耕机进行整平，旋耕深度15厘米以上，并进行镇压作业。旋耕后耙耢、镇压，达到土地平整、无明显坷垃、无架空暗垡、上松下实的整地效果。

3. 减垄增地 因地制宜推行减垄增地。在整地时打埂筑畦，通过小畦变大畦，增加畦面宽度，减少畦垄（埂），扩大有效种植面积。选用种植规格应充分考虑水浇条件、农机配套、作业效率等因素。建议畦宽2.4米、3米。第一种：畦宽2.4米，其中畦面宽2.0～2.1米，垄（埂）宽0.3～0.4米，畦内播种8～9行小麦，行距0.22～0.28米；下茬在畦内种4行玉米，行距0.6米。第二种：畦宽3.0米，其中畦面宽2.6～2.7米，垄（埂）宽0.3～0.4米，畦内播种10～12行小麦，行距0.22～0.28米；下茬在畦内种5行玉米，行距0.6米。水浇条件较好的地块应尽量采用大畦，地面平整、水量丰沛地块可适当扩大畦面宽度，最大畦面可在10米左右；水浇条件较差的地块应采用小畦，在水压较小的情况下可适当减少畦面宽度。增加或缩小畦面宽度最好按照玉米行距整数倍进行。有条件的地方可应用水肥一体化设备实现无垄种植。

4. 施足基肥 要坚持有机无机相结合，大力推广测土配方施肥和有机肥替代化肥技术。结合整地施足基肥，小麦全生育期每亩施用纯氮（N）18～20千克，磷（P_2O_5）7～9千克，钾（K_2O）10～15千克；磷肥全部底施，氮、钾肥40%～50%底施，50%～60%在起身期至拔节期追施。基肥优先选择配方肥。缺少微量元素的地块，要有针对性补施锌肥、硼肥、锰肥等微量元素肥料。有条件的地方应大力推行有机肥替代化肥，一般地块每亩施腐熟堆肥（农家肥）1 000～3 000千克或商品有机肥300～500千克，通过增施有机肥替代10%～15%的化肥。

（二）规范化播种

1. 品种选择 根据全省小麦品种展示结果，鲁东地区建议种植：济麦22、鲁原502、烟农1212、济麦70、山农30等品种；鲁北地区建议种植：济麦22、鲁原502、泰科麦34、中麦6032、烟农1212、山农38等品种；鲁西、鲁南地区建议种植：济麦22、鲁原502、山农29、鑫星617、山农42、山农46等品种；鲁中地区建议种植：济麦22、鲁原502、山农41、山农29、山农38、山农43等品种。小麦种子须进行种子包衣或药剂拌种。

2. 适期播种 小麦适播期应满足冬前0 ℃以上积温570～650 ℃。以平均气温14～16 ℃时播种为宜，适宜播种期在10月5—15日。鲁东、鲁中、鲁北的小麦适宜播期一般为10月5—10日，鲁南、鲁西南适宜播期为10月8—15日。

3. 适墒播种 小麦播种适宜墒情为土壤相对含水量75%左右。播种前墒情不足时要提前浇水造墒，墒情饱和地块要及时开沟散墒，适墒后再播种。

4. 适量播种 在适期播种前提下，分蘖成穗率低的大穗型品种，每亩适宜基本苗15万～18万；分蘖成穗率高的中多穗型品种，每亩适宜基本苗13万～16万。

每亩播种量（千克）=每亩计划基本苗数×种子千粒重（克）÷种子发芽率（%）÷田间出苗率（%）÷106。

5. 宽幅匀播 应用小麦宽幅精播技术，苗带宽度 7～10 厘米，播种深度 3～5 厘米，播种机行进速度 5 千米/小时，保证下种均匀、深浅一致、行距一致、不漏播、不重播。

6. 播后镇压 选用带镇压装置的小麦播种机械，在小麦播种时随种随压。对于秸秆还田地块，在小麦播种后用专门的镇压器镇压 1～2 遍，保证小麦出苗后根系正常生长，提高抗旱能力。

（三）冬前管理

1. 适时镇压划锄 整地质量差、地表坷垃多、秸秆还田量较大的麦田，在 11 月底或 12 月初进行 1～2 次镇压，以压碎坷垃，弥实裂缝，踏实土壤，使麦根和土壤紧实结合，提墒保墒，促进根系发育和低位分蘖。对旺长麦田要在冬前采用镇压器进行 2～3 次镇压，控制旺长，保苗安全越冬。镇压要注意"压干不压湿""压软不压冻""压轻不压重"，即：对土壤墒情适宜的地块做好镇压，过湿的地块不宜镇压；土壤封冻的地块不宜镇压，防止压断麦苗；晚播小苗要轻压不要重压，避免出现机械损伤。镇压过后进行划锄，增温保墒，促根增蘖。

2. 视情浇水 浇越冬水是保苗安全越冬的重要措施。要根据土壤墒情和整地、播种质量等，酌情浇越冬水。对墒情较好、土壤沉实的麦田不需要浇越冬水。对坷垃较多、土壤暄松、土壤相对含水量低于 70% 的麦田，要适时浇灌越冬水。一般在 11 月下旬至 12 月上旬夜冻昼消（当日平均气温下降到 5 ℃左右）时，选择 9:00—15:00 进行灌溉。越冬水提倡节水灌溉，禁止大水漫灌，小畦或窄畦灌溉亩灌水量 40～50 米^3，有条件的地方应使用喷灌、微喷和浅埋滴灌等方式灌溉，亩灌水量 15～30 米^3，灌水后及时划锄，松土保墒，防止地表龟裂，避免透风伤根死苗。

3. 病虫草害防治 在小麦 3～5 叶期、杂草 2～4 叶期或基本出齐时进行化学除草。根据麦田杂草实际情况科学选择药剂。要注意选择在 9:00—16:00 晴天无风且最低气温不低于 5 ℃时均匀喷施。阴雨天、大风天禁止用药，以防药效降低及雾滴飘移产生药害。监测蚜虫、红蜘蛛、地下害虫、纹枯病、茎基腐病、锈病、根腐病等发生动态。对纹枯病、茎基腐病等，可选用含有戊唑醇、烯唑醇、噻呋酰胺、苯醚甲环唑等成分的药剂对茎基部进行喷雾防治；对于蚜虫，可选用含有吡虫啉、噻虫嗪、高效氯氰菊酯等成分的药剂进行喷雾防治；地下害虫可选用噻虫嗪、辛硫磷等药剂进行防治。

（四）春季管理

1. 返青期管理 管理重点是促弱控旺，二、三类苗要"早划锄、早追肥"，一般在早春表层土化冻 2 厘米时开始中耕划锄，拔节前力争中耕划锄 2～3 遍，增温促早发。在早春土壤化冻后及早追肥，一般亩追高氮复合肥 20～30 千克或尿素 15～20 千克，促根增蘖保穗数。一类苗、旺苗管理重点是控旺转壮，促蘖成穗。在管理措施上要以控为主，适时镇压，在返青期每隔 7～10 天镇压 1 次，共镇压 1～2 次，一般不需浇水施肥。病虫草害防治方面，重点抓好化学除草和纹枯病、茎基腐病防治。冬前未进行化学除草的麦田，应在日平均气温稳定在 5 ℃以上时进行施药。按照杂草种类选择对路药剂进行防治，并严格按照推荐剂量、适宜浓度、使用时期和技术操作规程使用，避免漏喷、重喷，以免发生药害。防治纹枯病、茎基腐病，可选用含有戊唑醇、烯唑醇、丙环唑、噻呋酰胺等成分的单剂或复配剂兑水喷雾防治,同时兼具预防小麦条锈病的功效,适当加大用水量,重点喷施小麦茎基部。防治地下害虫,可结合划锄用辛硫磷加细土配成毒土撒施,先撒施后锄地防效更好。

2. 起身拔节期管理 管理重点是促进有效分蘖,二、三类苗在返青期没有浇水追肥的地块,应结合浇水进行追肥,一般亩均使用尿素 10 千克左右,拔节期再追施尿素 10～15 千克左右;一类麦田,在拔节中后期结合浇水亩追尿素 20～25 千克。病虫害防治方面,重点是密切监测条锈病、麦蚜、红蜘蛛等病虫害发生动态,及时组织开展统防统治。对条锈病,要坚持带药侦查,"发现一点、防治一片",及早控制发病中心,及时组织大面积应急防治。

(五)后期管理

抽穗扬花期至灌浆期是籽粒发育、灌浆的重要时期,墒情较差的地块应适时浇足水。应特别注意不要在小麦收获前半月内浇水,以免导致植株早衰。浇水时应密切关注天气变化,不要在风雨天气前浇水,以防小麦倒伏。病虫害防治方面,重点防治蚜虫、白粉病、锈病、赤霉病、吸浆虫等,大力推广适期开展"一喷三防",选用适宜的杀虫剂、杀菌剂、植物生长调节剂、叶面肥等混合一次性叶面喷施,防病、防虫、防早衰。在收获前 15 天应停止用药。

(六)减损收获

小麦适宜收获期在蜡熟末期至完熟初期。植株特征表现为茎秆全部黄色,叶片枯黄,茎秆尚有弹性,籽粒充实饱满,含水率在 20% 左右。收获作业开始前,要按照减损增粮的要求,对收割机进行全面检查与调试保养,确保机具以完好的技术状态在整个收获期正常工作。小麦联合收割机正常作业前进速度宜为 3.5～8 千米/小时。作业时应根据喂入量、产量、株高、干湿程度等因素选择合理的作业速度,当生物量大或植株含水量高时,应适当降低作业速度。用联合收割机收割,秸秆粉碎还田,留茬高度≤15 厘米,秸秆粉碎长度≤5 厘米,秸秆切碎合格率≥90%,并均匀抛撒。正常作业条件下,收获损失率应小于 1.0%,籽粒破碎率小于 1.0%,含杂率小于 1.5%。收获后及时烘干或晾晒,籽粒含水量低于 13% 时入库储存(图 1-16、图 1-17)。

图 1-16 德州市举办减损收获大赛

图 1-17　小麦减损收获大赛比赛现场

三、玉米生产技术规程

(一)播种环节

1. 选准高产品种,做好药剂处理　应选择高产、稳产、耐密、抗倒、综合抗性强、适宜机收、光热资源利用率高的品种,登海 605、农大 372、登海 1996、MC812、MY73、京科 999、登海 710、中天 308 和立原 296 等品种在德州市的"吨半粮"生产能力建设和山东省全省生产中表现较好,各地可根据当地光热资源进行选择。种子均应进行精选处理和包衣或拌种,做到统一技术、统一药剂、统一推进防治苗期病虫害。根据主要病害或地下害虫,选择包衣剂。可用吡唑醚菌酯、戊唑醇、精甲霜灵、咯菌腈、苯醚甲环唑或氟唑环菌胺等预防玉米茎基腐病、丝黑穗病等;用噻虫嗪、吡虫啉、氯氰菊酯、氟虫腈或呋虫胺等防治灰飞虱、蓟马、地下害虫等,兼防二点委夜蛾等;也可复配杀虫杀菌药剂,包衣防治蚜虫、灰飞虱、地下害虫、茎基腐病等。药剂用量按登记用量或用药说明。

2. 选择适宜机械,做好种肥同播　玉米适播期短,应提前准备好适宜的小麦收获机械和玉米播种机械。玉米播种机应选用具有播量、播深智能控制功能的机型,并安装北斗导航系统,提高玉米播种质量。小麦机收后应立即进行玉米机械单粒精播,根据品种特性,留苗密度控制在 4 800～5 600 株/亩,耐密紧凑宜籽粒机收品种可适当增加留苗密度,可采用 60～65 厘米等行距播种,也可采用 80 厘米＋40 厘米大小行播种,播深 3～5 厘米,做到播深一致、行距一致、覆土一致、镇压一致。玉米全生育期亩施肥量应不低于氮肥(N) 15～20 千克、磷肥(P_2O_5) 6～8 千克、钾肥(K_2O) 12～16 千克和硫酸锌($ZnSO_4$) 2 千克,播种时施入全部的磷肥和硫酸锌、50% 的钾肥、15% 的氮肥,肥料侧深施于种子下方 8～10 厘米,播后立即浇"蒙头水",确保及早出苗。有条件的地区可进行滴灌、微喷灌或平移式(或指针式)灌溉,推广精准水肥一体化技术。

(二)苗期管理

1. 及时化学除草　须在播后苗前进行化学除草,可选用乙草胺(异丙甲草胺或异丙草胺)＋莠去津(氰草津、特丁津、唑嘧磺草胺或异噁唑草酮)混合喷施,进行土壤封闭处理;如遇雨未能进行封闭处理或效果不好,要在玉米 3～5 叶期进行茎叶喷雾除草。禾本科杂草可用硝磺草酮、噻吩磺隆或烟嘧·莠去津等药剂;阔叶杂草可用氯吡嘧磺隆、唑嘧磺草胺、二氯吡啶酸、氯氟吡氧乙酸(异辛酯)、灭草松或麦草畏等药剂;混合发生可用硝磺草酮、砜嘧磺隆、异噁唑草酮、苯唑草酮、氨唑草酮、硝·烟·莠去津、硝磺·莠去津、烟嘧·莠·氯吡或苯唑·莠去津等药剂。喷药时应做到喷洒均匀，不重喷、不漏喷、不漂移，不与有机磷类农药混施。

2. 适当蹲苗促壮 玉米苗期抗旱能力较强，浇好"蒙头水"和种肥同播的地块，苗期一般不需要进行管理。一播全苗后，苗期土壤表层适度干旱，可以促进玉米根系下扎，防止幼苗徒长，增加抗倒伏能力，起到蹲苗的效果。苗色黑绿、地力高或墒情好的地块要蹲苗，苗瘦发黄、地力瘠薄或墒情不足的不宜蹲苗，蹲苗应在拔节前结束，以免影响穗分化。若干旱严重，应及时浇小水。植株如有分蘖，无需拔除。

3. 科学应对灾害 玉米苗期抗涝能力较差，如遇强降雨田间形成积水，土壤通气性变差，会影响根系呼吸，要立即排涝，防止出现芽涝或苗涝。如遇强风雨造成倒伏不用扶正，幼苗可自行恢复至直立状态。

（三）穗期管理

1. 加强水肥管理 拔节期可借雨或结合浇水追肥，施肥量为总氮量的15%，总钾量的50%，以促根壮株，构建健康群体。大喇叭口到抽雄期是玉米需水的临界期，需保证水分供应，防止"卡脖旱"造成雌雄穗发育不同步，并借水再追施总氮量的50%，防止脱肥，以确保植株生物量，形成大穗。

2. 化控促壮防倒 "吨半粮"建设地块土壤肥力高、种植密度大，发生倒伏的风险高于普通地块，应在玉米7～10片叶时进行化控，可叶面喷施胺鲜·乙烯利、矮壮素等药剂，促进茎秆粗壮，增强抗逆和抗倒能力。使用化控要注意合理浓度配比，防止因用量过大造成植株过矮，生物量不足，无法制造充足的光合产物，影响产量。

3. 防治病虫害 穗期高温多雨，是褐斑病、大小斑病、弯孢叶斑病、南方锈病和玉米螟、桃蛀螟、甜菜夜蛾、棉铃虫、黏虫、蚜虫等病虫害的高发重发时期。要坚持统防统治与绿色防控融合推进，综合利用多种措施，有效压低前期基数，打好防控基础。成虫高峰期，采用杀虫灯、性诱剂、生物食诱剂等进行诱杀，减少虫源；在草地贪夜蛾、玉米螟、棉铃虫等成虫盛期，大面积规模化利用无人机释放寄生蜂等天敌，有效降低害虫种群基数；病害初发期，用枯草芽孢杆菌喷雾防治茎基腐病、大斑病等。

大喇叭口期要全面实施"一防双减"，合理药品配方，提高防治的针对性。指导社会化服务组织和农民群众调整以往"重虫害轻病害"的策略，根据病虫发生实际，组配杀虫杀菌药剂混配施药，实现病虫兼治，确保防治效果。防治穗虫，可选含氯虫苯甲酰胺、高效氯氟氰菊酯、甲氨基阿维菌素苯甲酸盐、氟苯虫酰胺、印楝素等成分的药剂，或在虫卵至低龄幼虫期，规模化喷施绿僵菌、白僵菌、苏云金杆菌、核多角体病毒等微生物菌剂。防治草地贪夜蛾，可选用乙基多杀菌素、氟苯虫酰胺、虱螨脲、甘蓝夜蛾核型多角体病毒、苏云金杆菌等。防治叶斑病、锈病等，可用吡唑醚菌酯、唑醚·氟环唑或丙环·嘧菌酯等药剂，兑水喷雾。防治效果差或后期病虫上升快的地块，要及时做好二次防治。

4. 防范极端天气 玉米穗期是高温、干旱、强降雨或台风等极端天气高发期，应搞好防范。遭遇高温干旱时，可进行灌水或喷灌，增加土壤湿度，改善小气候；遭遇强降雨或台风时，应提早准备机械，疏通沟渠，提高排涝能力。因风雨造成倒伏的，要分类施策，倾斜未完全倒伏的，尽量维持现状；点状倒伏严重的，要及时培土扶正；上部茎秆折断的，及时去除倒折部分，防止病虫滋生。

（四）粒期管理

1. 保证授粉质量 玉米开花授粉期可能遭受高温、干旱、阴雨寡照等特殊天气，影响授粉质量，造成秃尖、花粒等，提倡采用无人机辅助散粉，切实提高结实率，增加穗粒数，防止花粒。花期发生高温、干旱时，应及时灌溉，调节田间小气候，保证开花授粉适宜环境。连阴雨后或高温前，可喷施芸苔素内脂、寡糖复合物等抗逆调节剂，提高植株抗逆能力。

2. 做好肥水管理 土壤墒情较差时应及时浇小水，在籽粒灌浆期，应追施总氮量的20%，每亩灌水 $30\sim50$ 米^3，并利用无人机叶面喷施磷酸二氢钾、尿素、叶面肥等混合液 $1\sim2$ 次，以延长叶片功能期，提高叶片光合能力，促进光合产物积累和运转，增加粒重。

3. 做好抗逆减灾 灌浆期易发生强降雨、洪涝等气象灾害。对于强降雨后无法自然排除积水的地块，要借助机械进行排水，尽量缩短积水时间；田间土壤水分过度饱和的地块，要利用机械开沟沥水，增加土壤通透性，促进玉米尽快恢复生长。因风雨倒伏严重的地块，已经形成产量的，要人工收获果穗，或具备机械进地条件后，全株机械收获用作青贮饲料。轻微倾斜的地块，要利用无人机喷施除脲·高氯氟、四氯虫酰胺、哒嗪硫磷等杀虫剂和吡唑醚菌酯、唑醚·氟环唑、丙环·嘧菌酯等杀菌剂，防止因田间湿度过大导致病虫害暴发造成减产。

（五）收获环节

1. 适期收获 正确掌握玉米的收获期，是增加粒重，减少损失，提高产量和品质的重要手段。玉米的最佳收获时间是完熟期，此期植株的中、下部叶片变黄，基部叶片干枯，果穗苞叶呈黄白色而松散，籽粒乳线消失，黑层出现，变硬，并呈现出品种固有的色泽。此期收获籽粒能积累更多的干物质，增加千粒重，提高产量和商品性；同时籽粒水分降低，减少烘干或晾晒时间，节约成本。与9月中下旬收获相比，每晚收一天可每亩增产 $5\sim8$ 千克。"吨半粮"建设区切忌提前收获，要根据成熟度在10月5—15日适期收获。

2. 减损增收 应牢固树立"减损就是增产"理念，指导农机手规范作业。选用割台长度长、倾角小、分禾器尖能够贴地作业的玉米收获机；有积水或土壤湿度大的地块，推荐选用履带式收获机；发生倒伏的地块，倒伏方向与种植行平行的，采取逆向对行收获方式。作业时应适当降低收获速度，确保穗收损失率≤4.0%，籽粒破碎率≤0.6%，苞叶剥净率≥85%，含杂率≤0.8%；籽粒收获总损失率≤3.0%，籽粒破碎率≤4.0%，含杂率≤1.5%，全面降低机械收获造成的产量损失。同时要注重加强运输、烘干、仓储等产后环节的减损工作，确保玉米颗粒归仓（图1-18、图1-19）。

图1-18 德州市举办玉米机收减损技能大比武

图 1-19　玉米减损收获大赛现场

第二章 "吨半粮"产能创建主推技术

"藏粮于技"。"吨半粮"创建目标的实现离不开良技。作者通过专家访谈、主产区农户及农技推广部门走访、座谈、资料查阅等方式全面调研了德州市"吨半粮"生产能力建设情况、存在的生产问题及技术需求，搜集整理了国内小麦玉米高产创建相关研究资料，重点参考2016—2023年山东省小麦、玉米相关主推技术，经过遴选推荐、函询专家意见、线上征集意见、专家论证等过程，综合考虑"吨半粮"生产能力建设中地力培肥、耕层构建、科学播种、田间管理、减损收获等关键生产环节，按照单季作物生产技术、周年生产技术的层次，推介在实际生产中应用效果好、便于机械化操作的技术供读者们了解，以便于结合当地的耕作制度、生产条件加以推广应用。

第一节 冬小麦主推技术

本节包括播种前秸秆还田"两旋一深"增产增效技术，宽幅精播高产栽培技术，播前播后双镇压保墒壮苗技术，种肥混播种植技术，机械镇压抗逆增产技术，小麦茎基腐病、纹枯病等土传病害综合治理技术以及水肥高效利用技术。技术效果在"吨半粮"产能创建过程中得到了良好的实践验证，以期为读者们提供通俗的技术指导，希望读者们掌握技术要点，灵活运用到冬小麦的生产实践中。

一、冬小麦秸秆还田"两旋一深"增产增效技术

冬小麦秸秆还田"两旋一深"增产增效技术的核心是通过秸秆还田"两旋一深"结合减氮这一简化轮耕模式，在维持产量的前提下降低整个生产系统的氮肥需求，实现系统固碳减排增产增效（图2-1）。对于土壤-大气-小麦3个子系统：一是改常年旋耕模式为"两旋一深"，即每旋耕2年深耕或深松1年，利用耕作技术环节加快秸秆腐解，改善土壤

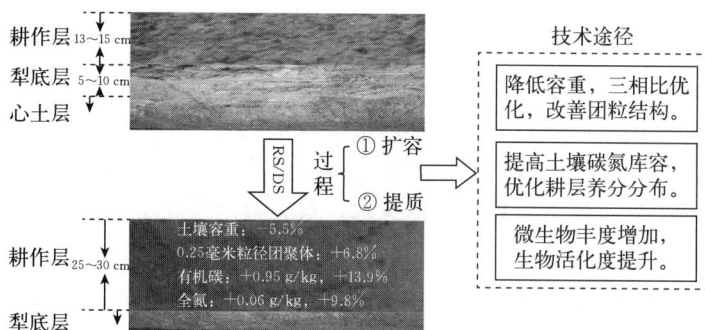

图2-1 冬小麦秸秆还田"两旋一深"增产增效技术途径

物理性状、养分分布和有机质含量，实现固碳减氮；二是在土体适当深层扰动前提下，建立小麦生产系统合理菌群结构，促进养分循环转化，降低土壤温室气体排放，实现减排；三是通过改善作物根系物理生存空间和养分空间分布来调优小麦根系构型，实现增产增效。

（一）技术要点

1. 秸秆还田"两旋一深" 小麦播种前，土壤含水量适宜时，选用带有秸秆切碎和抛撒装置的大功率玉米联合收割机将玉米秸秆切碎至 5 厘米左右小段，均匀抛撒在土地上，用大型旋耕机整地 1 遍，将秸秆均匀覆盖于土壤上，将土壤浅旋耕 10～15 厘米后，用宽幅精量播种机播种并镇压，播深 3～5 厘米；第二年小麦播种与第一年相同；在第三年小麦播前，用大功率玉米联合收割机将玉米秸秆切碎至 5 厘米左右小段均匀抛撒，用大型旋耕机一次性完成灭茬、旋耕、还田、掩埋，将秸秆均匀覆盖于土壤上，再用带有机械翻转高柱犁的大型拖拉机将土壤深耕至 25 厘米以上，用宽幅精量播种机播种并镇压，播深 3～5厘米。在小麦收获后，用秸秆粉碎机将前茬作物的秸秆和根茬切碎至 5 厘米左右小段并均匀抛撒，玉米免耕等行距播种。采用带有联动轴勺轮式单粒播种机播种，播深3～5 厘米。"两旋一深"模式下，0～10 厘米、10～20 厘米、20～30 厘米土层碳库年分别增加 3.5 千克/亩、13.6 千克/亩、3.6 千克/亩；氮库年分别增加 0.4 千克/亩、1.1 千克/亩、0.03 千克/亩。

2. 适期宽幅播种十播后镇压 适期播种，宽幅精播，种子采用包衣剂或粉锈宁等拌种，防治地下害虫及病害；播深（3～5 厘米）一致，无缺苗断垄和疙瘩苗出现；播后镇压，确保苗齐、苗匀、苗壮。

3. 土壤减氮调碳 玉米秸秆全量还田，每亩施用商品有机肥 100 千克，在深耕年份配施 4 千克/亩的有机物腐熟剂，促进秸秆快速腐熟，提高土壤有机质，减少化肥使用量，改善作物品质。将小麦季氮肥用量减为 15 千克/亩，调土壤碳氮比约为 25：1。

（二）配套技术

冬小麦秸秆还田"两旋一深"增产增效技术的配套技术包含下列 4 项：冬小麦夏玉米双季秸秆全量还田技术、冬小麦宽幅精播技术、冬小麦晚播增密技术、冬小麦"一喷三防"技术。

二、冬小麦宽幅精播高产栽培技术

冬小麦宽幅精播高产栽培技术是对小麦精播高产栽培技术的发展，针对小麦生产播种机械老化、种类杂乱、行距小、播种差、播量大、个体弱、缺苗断垄、疙瘩苗严重、产量徘徊的生产状况，将小麦播种机械的播种苗带由以前的 3～5 厘米加宽到 8 厘米左右，具有播种量准确，出苗均匀、整齐、健壮，亩穗数较多等优点，一般增产 10％左右。在黄淮海麦区示范推广小麦宽幅精播高产栽培技术，对大幅度提高小麦单产，保证小麦高产稳产具有非常重要的意义。

1. 品种选择 要因地制宜，重点应选用单株生产力高、抗倒伏、抗病性好、抗逆性强、株型紧凑、光合能力强、经济系数高、不早衰的中穗型或大穗型小麦品种。要根据当地的生态条件、耕作制度、地力基础、灌溉情况等因素选择适宜品种。要注意慎用抗倒春寒和抗倒伏能力较差的品种。

2. 播前处理 坚持深耕深松、耕耙配套，重视防治地下害虫，耕后撒毒饼或辛硫磷颗粒灭虫，提高整地质量，杜绝以旋代耕。

3. 足墒适期适量播种，切实提高播种质量

（1）认真搞好种子处理。提倡用种衣剂进行种子包衣，预防苗期病虫害。没有用种衣剂包衣的种子要用药剂拌种。

（2）足墒播种。小麦出苗的适宜土壤湿度为田间持水量的70%～80%。秋种时若墒情适宜，要在秋作物收获后及时翻耕，并整地播种；墒情不足的地块，要注意造墒播种。

（3）适期播种。一般情况下，小麦从播种至越冬开始，有0℃以上积温570～650℃为宜。鲁东、鲁中、鲁北的小麦适宜播期一般为10月5—15日，鲁南、鲁西南适宜播期为10月8—20日。

（4）适量播种。在适期播种情况下，分蘖成穗率低的大穗型品种，每亩适宜基本苗15万～18万；分蘖成穗率高的中穗型品种，每亩适宜基本苗12万～16万。在此范围内，高产田宜少，中产田宜多。晚于适宜播种期播种，每晚播2天，每亩增加基本苗1万～2万。

（5）宽幅精量播种。实行宽幅精量播种，改传统小行距（15～20厘米）密集条播为等行距（22～26厘米）宽幅播种，改传统密集条播籽粒拥挤一条线为宽播幅（8厘米）种子分散式粒播，有利于种子分布均匀，减少缺苗断垄、疙瘩苗现象，克服了传统播种机密集条播，籽粒拥挤，争肥、争水、争营养，根少、苗弱的生长状况。因此，要大力推行小麦宽幅精量播种机播种，播种深度3～5厘米。播种机不能行走太快，以每小时5千米为宜，以保证下种均匀、深浅一致、行距一致、不漏播、不重播（图2-2、图2-3）。

图2-2 小麦宽幅精量播种机

图2-3 小麦宽幅精播田间长势

（6）播后镇压。要选用带镇压装置的小麦播种机械，在小麦播种时随种随压，然后，在小麦播种后用镇压器镇压2遍，努力提高镇压效果。尤其是对于秸秆还田地块，一定要在小麦播种后用镇压器多遍镇压，才能保证小麦出苗后根系正常生长，提高抗旱能力。

4. 冬前管理 小麦冬前管理的主攻方向是促苗匀、足、齐、壮。出苗后要及时查苗、补苗。苗期管理以镇压划锄、灭草为主。麦苗旺长的麦田，应依据群体大小和长势，及时采取镇压、化控或深耘断根等措施，控制合理群体。浇越冬水是保证小麦安全越冬的一项重要措施。一般麦田都要浇好越冬水，但墒情较好的旺苗麦田，可不浇越冬水，以控制春季旺长。冬前是小麦病虫草害综合防治的关键时期，一定要注意及时防治。秋季小麦3叶后大部分杂草出土，草小、抗药性差，是化学除草的有利时机，一次防治基本能控制麦田草害，具有事半功倍的效果。

5. 春季管理 春季管理的关键是保证群体沿着合理动态发展，达到群体合理、穗大粒多和减轻病虫害的目的。

6. 麦田返青期管理 麦田返青期管理的关键是及时划锄，划锄有利于通气、提温、保墒，促进根系发育，促苗早返青早生长，加速两极分化。要合理运用促控措施，对播种早、群体大、麦苗长势旺的麦田，可在早春进行镇压，促进旺苗转壮。对徒长的麦田，要采取地下部深耘断根、地上部镇压等措施进行控制。起身期要合理肥水管理，及时化控。拔节期为春季肥水管理的重要时期，要科学地进行肥水管理，而且能促进小花发育，增加穗粒数，提高粒重。挑旗（孕穗）期，要浇好灌浆水，酌情追肥，做好病虫害防治。

三、冬小麦播前播后双镇压保墒壮苗技术

冬小麦播前播后双镇压保墒壮苗技术，改传统小麦生产的翻耕、旋耕、起畦、播种、镇压等多道工序为翻耕后直接双镇压播种，第一时间锁住土壤水分，避免了蒸散损失，显著提高了土壤水的生产效率，全生育期可节省灌溉 1～2 次，水分利用效率较传统生产提高 20% 以上，节本效果突出。

（一）技术要点

播前整地镇压、播种和播后镇压一体化作业技术：在上茬作物秸秆还田和深耕作业后，立即利用配套播种机一次性完成施肥、播前整地镇压、播种和播后镇压一体化作业，实现翻耕与整地播种无缝衔接，减少土壤失墒，使小麦苗齐苗壮。主要包括以下 4 个作业环节。

1. 前置施肥与立旋整地 通过前置施肥器将肥料均匀施于已耕土壤内，肥料随驱动耙立旋碎土整地作业与耕层土壤均匀混合，完成施肥、碎土整平作业。施肥种类和数量应根据土壤肥力条件和小麦产量水平确定。

2. 播前镇压 利用播种机驱动耙后面的镇压辊进行播种前土壤镇压，在确保播种深度一致的同时，确保种床位置土壤相对紧实度适宜于小麦萌发，有利于小麦顶土出苗（图 2-4）。

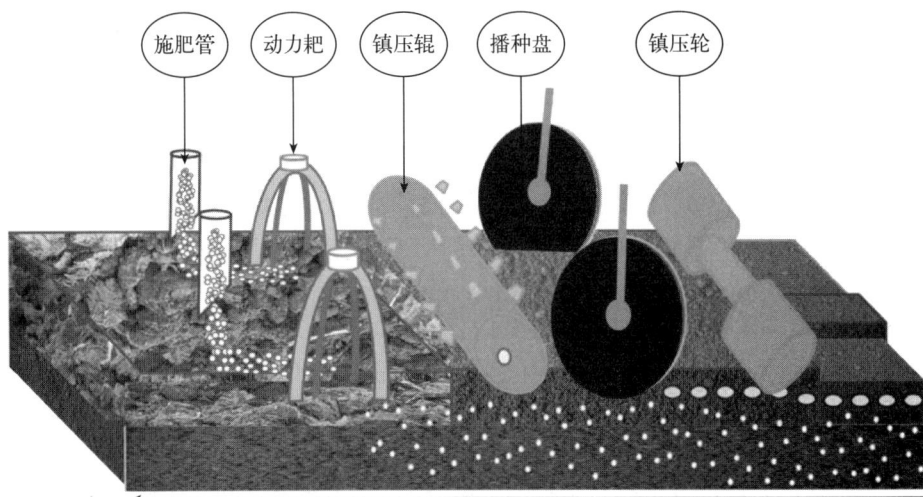

图 2-4 小麦播前播后二次镇压作业示意

3. 精量播种 播种机进地之前，根据播种期、品种类型、土壤状况等确定小麦播种量，并进行播种机播量调节；播种时，在播种地块进行播种深度调节，播种深度应根据土壤质地、表层土壤墒情等来确定。播种时，注意行进速度要均匀，并结合土壤类型和整地质量来确定，力争小麦落子均匀（图2-5）。

4. 播后镇压 小麦播种后，利用播种机后边的腰鼓镇压轮进行二次镇压，达到覆土和种土紧密结合的目的。生产中可根据各地生产实际，通过播种机关

图2-5 冬小麦双镇压精量匀播技术播种现场
（农田翻耕后直接播种）

键部件增减，在满足不同生产条件播种需求的同时，实现节本增效。如：在旋耕整地的地块，可卸掉播种机的驱动耙进行播种，以避免重复作业，减少动力消耗；在应用水肥一体化技术的地块，可在整地播种同时增加滴灌管铺设部件，进行滴灌带铺设作业。

（二）配套技术

1. 种子选用与处理 选用产量潜力高、分蘖成穗率高、抗逆性强的小麦品种，并根据当地病虫害发生情况，选用相应包衣剂或拌种剂进行种子处理。

2. 秸秆还田和土壤翻耕 冬小麦播前播后双镇压保墒壮苗技术一次性完成整地和播种作业环节，对秸秆还田质量和土壤耕作质量要求较高。以玉米田为例，在玉米秸秆还田时，要确定好前进速度和留茬高度，还田机的刀片与地面的间隙宜控制在5厘米左右，秸秆粉碎长度不宜超过8厘米；秸秆、根茬粉碎后应做到抛撒均匀、无堆积或条状抛撒，以确保还田质量。秸秆还田后，建议用带副犁的液压翻转犁进行翻耕作业，翻耕深度应在25厘米以上，以提高秸秆覆盖掩埋和土壤翻耕效果。

3. 冬前或返青期镇压 小麦越冬前或返青期，要结合小麦苗情和土壤墒情决定镇压时期，确保小麦安全越冬。

4. 水肥调控 浇好越冬水，壮苗越冬；起身拔节期结合小麦苗情和土壤墒情确定施肥浇水时间和施肥量，壮苗麦田可进行适度控水，促进根系下扎，提高小麦抗逆能力；生育后期适度控水，延缓植株衰老。

5. 病虫草害综合防控 在种子处理的基础上，结合当地病虫草害发生规律和当季病虫草害发生情况进行综合防控。

四、冬小麦种肥混播种植技术

种肥混播种植技术是指冬小麦种子与小麦专用缓控释肥料混合在一起进行播种，实现一次性完成播种施肥的技术，种肥混播有别于种肥同播（图2-6）。该技术优化集成了"新型肥料＋种肥混播＋全程机械化"的绿色高产高效栽培模式，可以减少冬小麦春季返青期追肥这一农艺环节，减少氮肥用量，提高氮肥利用效率，增加冬小麦产量，减少冬小麦生产过程中用工数量，降低生产成本，增加冬小麦生产经济效益。

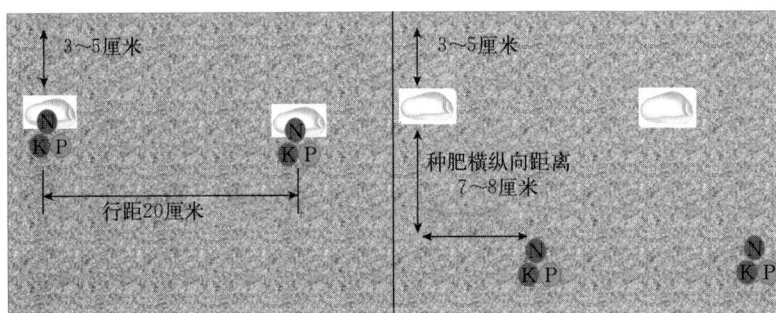

图2-6　种肥混播与种肥同播模式示意（左为种肥混播；右为种肥同播）

（一）技术要点

1. 播前准备工作

（1）品种选择。选择当地主推的中筋硬质冬小麦品种济麦22、鲁原502、良星66等冬性或半冬性品种。

（2）种子处理。可以选择内吸性杀菌剂和杀虫剂混合拌种或包衣，防治土传病害、地下害虫和苗期病害。杀菌剂选择含有咯菌腈、立克秀、苯醚甲环唑、戊唑醇等成分的药剂，杀虫剂选择含有吡虫啉、噻虫嗪等成分的药剂。

（3）肥料的选择。大量元素肥料：冬小麦种肥混播技术对肥料的要求较高，要选择包膜材料好、包膜技术好、控释效果好的小麦专用缓控释肥料，所有氮肥都用缓控释氮肥。根据小麦苗期需氮肥比较少、生育期比较长的特点和小麦的需肥规律，把不同控释时间（30～120天）的控释肥料合理搭配，使小麦整个生育期不脱肥（图2-7）。使用专用播种机械让肥料和种子在土壤中充分混合，不会烧种、烧苗，并有利于小麦对养分的吸收，能显著提高肥料利用率，一次性施肥，不再追肥，实现节本增效。

中微量元素肥料：小麦种植前应施足有机肥并根据土壤缺素情况配施适量的矿物肥。

（4）机械选择。使用冬小麦种肥混播专业机械，也可以通过简单的改进使肥料种子分仓放置，实现入土前混合均匀。种子和肥料使用同一个开沟器，能节省机械动力，并能提高播种质量（图2-8）。

图2-7　小麦种肥混播专用缓控释肥料

图2-8　小麦种肥混播播种机

（5）耕地整理。前茬作物收获后，先用灭茬机灭茬，喷施腐熟剂，秸秆还田，造墒，然后将土壤深耕或深松 25 厘米以上，结合旋耕进行整地至平整。整地前小麦农田土壤足墒，耕层土壤湿度达到田间持水量的 70%～80%，墒情不足应进行造墒。

2. 播种

（1）播种时间、播量。根据冬小麦品种、播种时间和地力条件选择播种量。冬小麦品种分蘖力强、播种时间早、播种地块地力水平高的，适宜少播；反之，适当增加播种量。播种时间一般是 10 月 3—12 日，一般用种量 10～15 千克/亩。

（2）种肥混播。通过冬小麦种肥混播机械进行播种施肥实现一次性操作。施肥量主要是根据地力水平确定的，中高肥力土壤或者产量水平在 400 千克/亩以上的地块，宜施有机肥（有机质≥45%）100～200 千克/亩，氮肥（按纯 N 计）14～17 千克/亩，磷肥（按 P_2O_5 计）7～9 千克/亩，钾肥（按 K_2O 计）5～7 千克/亩；中低肥力土壤或者产量水平在 400 千克/亩以下的地块，宜施有机肥（有机质≥45%）200～300 千克/亩，施用氮肥（按纯 N 计）12～14 千克/亩，磷肥（按 P_2O_5 计）5～7 千克/亩，钾肥（按 K_2O 计）3～5 千克/亩（图 2-9）。

图 2-9 冬小麦种肥混播种植技术示范播种
（德州武城）

3. 田间管理

（1）冬前管理。针对金针虫、地老虎或者蝼蛄等地下害虫危害重的麦田，翻耕或浇水前撒施辛硫磷颗粒剂。依据墒情和苗情灌溉越冬水。

小麦 3 叶后且最低温度 5 ℃以上后：针对播娘蒿、荠菜、拉拉藤等阔叶杂草为主的麦田，选用二甲四氯钠＋氯氟吡氧乙酸，或双氟磺草胺＋氯氟吡氧乙酸喷雾防治；针对节节麦，选用甲基二磺隆防治；针对雀麦、看麦娘、野燕麦等禾本科杂草，选用炔草酯＋氟唑磺隆喷雾防治。混合发生的可用以上药剂混合使用。

（2）小麦返青拔节期。早春镇压，3 月中下旬进行灌溉，小麦拔节前结合生长情况进行调节剂化控，对茎基腐病进行防治。用高效氯氟氰菊酯、吡蚜酮、吡虫啉喷雾可以防治蚜虫。用除草剂进行草害防治。

（3）小麦穗期。杀菌剂、杀虫剂、叶面肥、植物生长调节剂等搭配专用高效助剂，实施"一喷三防"作业。5～7 天后，若蚜虫量偏大，用高效氯氟氰菊酯、吡蚜酮、吡虫啉喷雾防治；一代黏虫可用高效氯氟氰菊酯喷雾防治；锈病和白粉病可用三唑酮、戊唑醇等喷雾防治；赤霉病可用吡唑醚菌酯、氰烯菌酯、丙硫菌唑等喷雾防治。病虫混合发生时可采用以上药剂混合施药二次防治。

（4）收获。小麦蜡熟末期及时收割，收获后及时晾晒，籽粒含水量要求低于 13%，储藏于通风干燥处。

（二）适宜区域

宜在山东省冬小麦-夏玉米一年两熟地区推广。

（三）注意事项

冬小麦种肥混播技术对肥料要求较高，要采用适宜种肥混播的肥料品种，选择小麦专用缓控释氮肥做底肥，可以达到一次施肥不用追肥的效果。

五、冬小麦机械镇压抗逆增产技术

镇压是冬小麦种植区传统而又非常有效的田间管理技术。镇压可压碎土块，密实土壤，使种子、根系与土壤密切接触，对保墒、保温、促进出苗以及幼苗的发育和根部生长非常有利。目前，麦田机械镇压已非常普遍。

（一）技术要点

1. 播前镇压　结合旋耕整地进行播前镇压，根据土壤墒情确定镇压力度，整平土地，压碎土块，紧实土壤，提高整地质量，精确控制播深，提高播种出苗质量。

2. 播后镇压　选择带有播后镇压装置的小麦播种机械，在小麦播种时随种随压，然后根据墒情，在小麦播种后用专门的镇压器镇压 1～2 遍，墒情差镇压 2 遍，力度稍大，墒情好镇压 1 遍，力度稍轻，提高镇压效果，保证小麦出苗后根系正常生长，提高抗旱能力。

3. 冬前镇压　整地质量差、地表坷垃多、秸秆还田量较大的麦田，在冬前及越冬期进行 1～2 次镇压，以压碎坷垃，弥实裂缝，踏实土壤，使麦根和土壤紧实结合，提墒保墒，促进根系发育和低位分蘖。对旺长麦田要在冬前采用镇压器进行 2～3 次镇压，控制旺长，保苗安全越冬。

4. 春季镇压　小麦返青初期，采用专用机械镇压器镇压 1～2 次，弥封裂缝、沉实土壤、抗旱抗寒。壮苗和旺长麦田在起身期镇压 1～3 遍，控旺促壮，保墒抗旱，防止倒伏。

（二）适宜区域

该技术适用于山东省绝大部分可进行机械操作的小麦主产区。

（三）注意事项

机械镇压要注意"压干不压湿""压软不压硬""压轻不压重""盐碱地视情压"，即：对土壤墒情适宜的地块做好镇压，过湿的地块不宜镇压；土壤封冻的地块不宜镇压，防止压断麦苗；晚播麦要轻压不要重压，避免出现机械损伤；盐碱地一般不压，墒情差可压，并采用镇压划锄一体化措施。

六、小麦茎基腐病、纹枯病等土传病害综合治理技术

近年来，受小麦-玉米连年种植、秸秆还田等因素影响，黄淮海流域小麦土传病害呈现多发、混发、重发态势，以传统病害小麦纹枯病及新病害小麦茎基腐病为主，对小麦生产构成较大威胁，已成为小麦高产、优质、高效的重要限制因素。小麦纹枯病一般麦田发病率为 10%～30%，严重麦田发病率可达 70% 以上，直接造成的产量损失少则 5% 以下，重则 30%～40%；小麦茎基腐病严重时甚至造成小麦白穗率达到 50% 以上，且茎基腐病病原菌侵染种子后还会产生真菌毒素，影响粮食品质。针对小麦纹枯病、茎基腐病等危害

趋重问题，通过开展耕作方式、药剂和施药机械对比等试验及生物菌剂包衣等绿色防控技术探索，集成了以深耕为基础、种子包衣和春季化学防控为主的小麦土传病害综合治理技术。

1. 种子包衣 播种前要选用 27%苯醚·咯·噻虫、31.9%吡虫啉·戊唑醇、4.8%苯醚甲环唑·咯菌腈、23%吡虫·咯·苯甲等优质专用种衣剂包衣，可有效减少苗期小麦土传病害的发生。

2. 深耕 推广深耕措施，尤其是秸秆还田地块，耕深要达 25 厘米以上。作业前破除玉米根茬，耕后用旋耕机整平并压实。深耕能够将病残体深翻至 25 厘米以下，压实土壤使病原菌缺氧致死，有效减少土表病原菌密度，减少小麦土传病害的发生。

3. 土壤处理 发病严重地块，耕前可用 25%戊唑醇每亩 200 克或苯甲·丙环唑每亩 200 克，拌细土，耕地前地表撒施，翻耕入土，能有效减轻纹枯病、茎基腐病等对出苗期甚至冬前麦苗的危害。

4. 春季化学防治 春季返青至起身期，用氟环唑、噻呋酰胺、丙环·嘧菌酯、苯甲·丙环唑、戊唑醇等药剂配合芸苔素内脂等植物生长调节剂喷施小麦茎基部，可减轻小麦土传病害发生，提高后期粒重。

七、冬小麦水肥高效利用技术

(一) 技术要点

1. 水氮统筹 总施肥量中，将有机肥、磷肥（P_2O_5）、钾肥（K_2O）的全部和氮肥（纯 N）总量的 50%，作底肥于耕地时施用，第二年春季根据苗情于小麦拔节期再施氮肥（纯 N）总量的 50%。小麦整个生育期施用纯氮 12～15 千克/亩，在氮肥基施和拔节期施用的过程中配合每亩灌水 30～40 米^3。前茬玉米秸秆粉碎还田。

2. 整地 采用深耕加旋耕的方式，即 3 年一深耕，每年一旋耕，耕深 25 厘米以上，旋耕配套，达到上松下实，畦面平整。

3. 播种 选用山东省或黄淮麦区审定适合山东省种植的济麦 22、烟农 1212、良星 66、烟农 999、山农 23、山农 29、山农 30、鑫麦 296 等小麦品种。

每亩基本苗应根据不同品种特点确定，分蘖成穗率低的大穗型品种，每亩基本苗 15 万～18 万；分蘖成穗率高的中、多穗型品种，每亩基本苗 12 万～16 万。秸秆还田和整地质量较差的麦田适当增加基本苗 2 万～5 万。晚于适宜播种期播种的麦田，每晚播 2 天，一般每亩增加基播量 0.5～1 千克。

采用小麦圆盘式宽幅精播机播种，采用等行距种植，行距 25 厘米，播幅 8～10 厘米。

4. 田间管理技术 用带镇压装置的小麦宽幅播种机，在播种后镇压。墒情不足或秸秆还田地块，播种后用镇压器再镇压 1 遍。保证小麦出苗后根系正常生长，提高抗寒、抗旱能力。

早春麦田管理，在降水较多年份，耕层墒情较好时应及早中耕保墒；秋冬雨雪较少，表土变干而坷垃较多时应进行起身期镇压，增强小麦抗旱能力，并能限制麦苗旺长，避免后期出现倒伏现象。

从小麦拔节期开始，就应注意防治纹枯病、白粉病、锈病及蚜虫。在后期用浓度

1.0％～2.0％的尿素或 0.1％～0.2％的磷酸二氢钾溶液，在开花前后喷施 2 次，每次间隔 10 天，可与防治病虫的药剂配合使用，实现"一喷三防"。

5. 适时收获　当籽粒含水量降低到 20％以下时，进行机械收获。及时晾晒或机械烘干，防止穗发芽和籽粒霉变。含水量低于 13％时进仓储藏。

（二）适宜区域

黄淮麦区水浇耕作地区。

（三）注意事项

所选品种为审定证书表明适用于本地区的优质品种；在小麦播种后和起身期进行机械镇压，促进根系深扎，提高抗旱能力；病虫害防治时应严格控制药量，避免造成小麦叶片损伤，影响后期产量。

第二节　夏玉米主推技术

本节为夏玉米主推技术，包括精量直播晚收高产栽培技术、全程机械化绿色高效生产技术、籽粒机械化收获技术、秸秆精细化全量还田技术、苗带清茬种肥精准同播技术、滴灌水肥一体化栽培技术、抗逆防灾减损稳产栽培技术。精量直播晚收高产栽培、苗带清茬种肥精准同播等技术可以显著提高玉米播种质量，实现苗匀、苗全、苗齐、苗壮，提高密度和整齐度，为玉米高产打下坚实的苗期基础。全程机械化、秸秆还田等技术已在生产中得到大面积推广应用，籽粒机械化收获、滴灌水肥一体化栽培等技术前景明朗，抗逆防灾减损稳产栽培技术保证玉米稳产增收，通过介绍这几项关键技术以期为读者们提供通俗的技术指导，推动各项技术的集成应用，促进玉米单产提升。

一、夏玉米精量直播晚收高产栽培技术

（一）播前准备

1. 品种选择　选用国家、区域或本省审定的耐密、抗倒、适应性强、熟期适宜、高产潜力大的夏玉米新品种。

2. 精选种子　选择纯度高、发芽率高、活力强、大小均匀、适宜单粒精量播种的优质种子，要求种子纯度应不小于 98％，种子发芽率应不小于 95％，净度应不小于 98％，含水量应不大于 13％。所选种子应进行种衣剂包衣，种衣剂的使用应按照产品说明书进行且应符合 GB/T 8321.8 的规定。

3. 秸秆处理　小麦采用带秸秆切碎和抛撒功能的联合收割机收获，小麦秸秆留茬高度应不大于 20 厘米，切碎长度应不大于 10 厘米，切断长度合格率应不小于 95％，抛撒均匀率应不小于 80％，漏切率应不大于 1.5％。

4. 播种机选择　选用单粒精播玉米播种机械，一次性完成开沟、施肥、播种、覆土、镇压等工序。

（二）播种期

1. 播种时间　在山东及周边地区适宜播期为 6 月上中旬，小麦收获后尽早播种玉米。玉米粗缩病连年发生的地块适宜播期为 6 月 10—15 日，发病严重的地块在 6 月 15 日前后

播种。若墒情不足,可播种后尽早浇"蒙头水"。

2. 播种方式 采用单粒精量播种机免耕贴茬精量播种,行距(60±5)厘米,播深3~5厘米。要求匀速播种,播种机行走速度应控制在每小时5千米左右,避免漏播、重播或镇压轮打滑。

3. 种植密度 一般生产大田,紧凑型玉米品种4 500~5 000株/亩。

4. 种肥 采用带有施肥装置的播种机施用种肥,施氮肥(N)3~4千克/亩、磷肥(P_2O_5)6~8千克/亩、钾肥(K_2O)12~13.3千克/亩和硫酸锌1.5千克/亩,穗期补追氮肥。或者施用玉米专用肥或缓控释肥等,氮(N)、磷(P_2O_5)、钾(K_2O)的养分含量分别为14.7~16千克/亩、6~8千克/亩和12~13.3千克/亩,种肥一次性同播,后期不再追施肥料。种肥侧深施,与种子分开,播种行与施肥行间隔8厘米以上,防止烧种和烧苗。

(三)苗期

1. 除草 结合中耕除草,在人工灭除的基础上,做好化学防治。播种后出苗前,墒情好时使用40%乙·阿合剂200~250毫升/亩兑水50千克进行封闭式喷雾;墒情差时,于玉米幼苗3~5片可见叶、杂草2~5叶期用4%玉农乐悬浮剂(烟嘧磺隆)100毫升/亩兑水50千克喷雾。

2. 防治病虫害 加强粗缩病、灰飞虱、黏虫、蓟马、地老虎和二点委夜蛾等病虫害的综合防控。

3. 遇涝及时排水 苗期如遇涝渍灾害,应及时排水。

(四)穗期

1. 拔除小弱病株 小喇叭口至大喇叭口期之间,应及时拔除小、弱、病株。

2. 追施穗肥 小喇叭口至大喇叭口期之间,追施氮肥(N)12千克/亩左右。在距植株10~15厘米处利用耘耕施肥机开沟深施,施肥深度应为10厘米左右。

3. 防旱防涝 孕穗至灌浆期如遇旱应及时灌溉,尤其要防止"卡脖旱",若遭遇渍涝灾害,则及时排水。

4. 防治病虫害 小喇叭口至大喇叭口期之间,有效防控褐斑病和玉米螟等,普遍用药1次,可采用飞机喷雾或者高地隙喷雾机械防治中后期多种病虫害,减少后期穗虫基数,减轻病害流行程度。

(五)花粒期

1. 施花粒肥 花后15~20天,可酌情增施尿素6千克/亩左右,可结合浇水或降雨前追施,以提高肥效。

2. 防旱 玉米开花灌浆期如遇旱应及时浇水。

(六)收获期

1. 机械晚收 不耽误下茬小麦播种的情况下适期收获,山东及附近地区宜在10月3—8日收获,收获后及时晾晒,脱粒。收获时宜大面积连片推进、整村整镇推进,农机农艺联合推进,农机手和农户一起行动,避免联合收割机过早下地。

2. 秸秆还田 严禁焚烧玉米秸秆,应进行秸秆还田。

二、夏玉米全程机械化绿色高效生产技术

夏玉米全程机械化绿色高效生产技术模式以"种衣剂二次包衣、种肥精准同播、玉米专用控释肥、密植化控防倒、病虫害绿色防控、籽粒机械直收"为核心技术,实现玉米关键栽培技术的简约化和高效化。

(一)技术要点

1. 品种选择 选用登海 605、MY73、农大 372、裕丰 303 等适宜机收的耐密、抗逆、高产、优质品种。

2. 秸秆处理与土壤耕作 小麦秸秆粉碎全量还田,培肥地力,每隔 2 年秋季深耕或深松 25 厘米以上调土强根。

3. 种衣剂二次包衣 播种前,利用福亮或者嘧菌酯对种子进行二次包衣,有效防苗期病虫害。

4. 合理密植 种植密度一般为每亩 5 000～5 500 株,较常规生产方式品种推荐密度增加 10%。

5. 种肥精准同播 选用集(深松)施肥和开沟、精播、覆土、镇压一次性作业的单粒精量播种机,进行免耕贴茬精量播种。

6. 玉米专用控释肥 采用玉米免耕播种施肥机,在玉米播种同时一次性基施控释复合肥,生长期间不再施肥。

7. 化控防倒 高肥密植或易受风灾的地块,在玉米 7～11 片展开叶时喷施 40%乙烯利或 30%玉米壮丰灵进行化控预防倒伏。

8. 机械植保,绿色防控 玉米 3 叶期一喷多防,防治苗期害虫,兼防粗缩病。大喇叭口期采用"一防双减"技术,统一飞防喷施杀虫、杀菌复配或混合药剂,防治玉米叶斑病和穗部虫害。

9. 适时晚收 玉米籽粒乳线消失或籽粒尖端出现黑色层时机械收获,较常规生产大田收获期晚 3～5 天收获,发挥品种的增产潜力。籽粒水分在 28%以下,使用玉米联合收获机直收玉米籽粒。

(二)适宜区域

该技术模式主要适用于小麦-玉米等一年两熟为主体的黄淮海夏玉米区、其他自然生态要素与本区相似的夏玉米区亦可参考使用。

(三)注意事项

(1)推荐的品种虽然抗病性较好,但是玉米病虫害种类较多,发病程度受气象因素和种植区域的小气候影响较大,很难做到一个玉米品种抗多种病害。

(2)该技术模式倡导麦收后贴茬直播,但小麦收获时,如果麦秸秆量大或因小麦倒伏造成秸秆粉碎不匀,则需进行灭茬作业,以提高玉米播种质量。

(3)密度合理、生长正常的中低产田和缺苗补种地块不宜化控。

三、夏玉米籽粒机械化收获技术

玉米籽粒机械化收获是用联合收获机一次性完成玉米的摘穗、果穗剥皮、脱粒、清选

等作业，该技术后期需要配套粮食烘干技术。

技术要点

1. 农艺要求 农艺要求包括玉米品种、播期、收获期、亩株数、株距、行距等。玉米品种需要选择适合当地生产实际、生长周期短、收获时含水率低、收获时籽粒硬、易脱粒的品种。经过试验验证，登海 3737、登海 18 等玉米品种适宜进行籽粒直收，也适宜开展大面积推广种植。

2. 收获期确定 按照玉米生产目的，确定收获时期，一般在玉米成熟期即籽粒乳线基本消失、基部黑层出现时收获，山东夏玉米大致在 9 月下旬或 10 月上旬收获。

3. 作业条件 按照《玉米籽粒收获机械技术条件》（GB/T 21962—2008）要求，玉米籽粒收获机械化作业要求籽粒含水率≤25％，玉米最低结穗高度>35 厘米，植株倒伏率≤5％，果穗下垂率≤15％。玉米籽粒收获机行距应与玉米种植行距相适应，等行距收获的玉米籽粒收获机一般适应行距（55～80 厘米），行距偏差不宜超过 5 厘米。

4. 作业质量 在适宜收获期，玉米籽粒收获作业地块符合一般作业条件时，作业质量指标应符合有关标准要求，具体见表 2-1。

表 2-1 玉米籽粒机械化收获作业质量指标表

项目	指标
产率（小时/亩）	达到使用说明书最高值 80％的规定
总损失率（％）	≤5
籽粒破碎率（％）	≤5
籽粒含杂率（％）	≤3
秸秆粉碎还田型	按照 GB/T 24675.6—2009 有关规定执行

四、夏玉米秸秆精细化全量还田技术

（一）技术要点

（1）使用大功率玉米联合收割机将玉米秸秆切碎，长度小于 5 厘米。

（2）增施氮肥调节碳氮比，防止冬小麦因微生物争夺氮素而黄化瘦弱。秸秆粉碎后，在秸秆表面每亩撒施尿素 5.0～7.5 千克。

（3）配施 4 千克/亩的有机物料腐熟剂，可以加快秸秆腐熟速度，使秸秆中的营养成分更好更快地释放，从而培肥地力。连续 3 年实施秸秆还田加腐熟剂，与不实施秸秆还田比较，土壤容重降低 0.11～0.21 克/厘米³，达到理想值 1.10～1.30 克/厘米³；有机质含量提高 0.40～1.51 克/千克，达到 15.93 克/千克以上；碱解氮、有效磷、速效钾含量也有一定程度的提高。

（4）每亩增施商品有机肥 100 千克，对培肥地力、提高土壤有机质含量、获取优质高产玉米效果明显。

（5）配方施肥，足墒播种，播后镇压，沉实土壤。

此外，带病的秸秆不能直接还田，应该喷洒杀菌药以减少病菌越冬基数；也可用于生产沼气或通过高温堆腐后再施入农田。

（二）适宜区域

适宜于一年两熟制小麦-玉米轮作区，要求光热资源丰富，在秸秆还田后有一定的降雨（雪）天气，或具有一定的水浇条件；同时要求土地平坦，土层深厚，成方连片种植，适合大型农业机械作业。

（三）注意事项

（1）墒情要足，小麦播种前墒情不足时要先造墒，微生物分解玉米秸秆也需要在墒情适宜的条件下进行。

（2）沉实土壤，采用深耕或旋耕后先镇压再播种，随播种用镇压轮镇压，密实土壤，杜绝悬空跑墒造成吊苗死苗。

五、夏玉米苗带清茬种肥精准同播技术

夏玉米苗带清茬种肥精准同播技术，创新应用"同位仿形＋气吸精播"和"苗带整理＋深松施肥"复式作业技术，辅以精准化信息调控，实现了玉米带状洁区精准播种和分层施肥，有效发挥了品种、肥料产品、农机装备及栽培技术的精准凝聚效应，较传统贴茬直播出苗率提高 8.7%，群体整齐度提高 9.2%，肥料利用率提高 10.27%，平均增产 8.34%。

（一）技术要点

1. 麦茬处理 免耕残茬覆盖，小麦收获时，采用带秸秆切碎（粉碎）的联合收获机，留茬高度≤15 厘米，秸秆切碎（粉碎）长度≤10 厘米，秸秆切碎（粉碎）合格率≥90%，并均匀抛撒。

2. 播种机械选择 选择玉米苗带清茬免耕精量播种机或苗带旋耕施肥播种机，实现清茬、开沟、播种、施肥、覆土和镇压等联合作业（图 2-10）。土层板结情况下，宜选择深松多层施肥玉米苗带清茬精量播种机。

图 2-10 玉米苗带清茬免耕精量播种机播种及出苗情况

3. 品种选择 选用经过黄淮海区域国家或省审定的株型紧凑耐密、抗病虫害、高产稳产的优良玉米杂交品种，播种前精选种子，种子的纯度和净度要达到 98% 以上，发芽

率达到 90% 以上,含水量要低于 13%。

4. 合理密植 根据品种特性确定播种密度。耐密型玉米品种中低产田 4 200～4 500 株/亩,高产田 4 500～4 800 株/亩;非耐密型品种中低产田 3 800～4 000 株/亩,高产田 4 000～4 500 株/亩。

5. 精准定肥 根据地力条件和产量水平确定施肥量。推荐选用玉米专用缓控释肥料,养分含量折合纯氮(N)12～14 千克/亩、磷(P_2O_5)3～4.5 千克/亩、钾(K_2O)4～5 千克/亩,基施硫酸锌 1～2 千克/亩。

6. 种肥精准同播 采用免耕等行距单粒播种,行距(60±5)厘米,播深 3～5 厘米;播种时利用旋耕刀在 15～20 厘米宽播种带进行 5～10 厘米的浅旋耕作,非播种带秸秆覆盖的半休闲式耕作,利用播种机前置清茬刀将小麦秸秆移出播种行,实现播种行秸秆量低于 10%。选用玉米专用缓控释肥料或稳定性肥料,种肥一次性集中施入。做到深浅一致、行距一致、覆土一致、镇压一致,防止漏播、重播或镇压轮打滑。粒距合格指数≥80%,漏播指数≤8%,晾籽率≤3%,伤种率≤1.5%。种肥分离,播种行与施肥行间隔 8 厘米以上,施肥深度在种子下方 5 厘米以上。

7. 化学除草 出苗前防治,在播种后喷施精异丙甲草胺按登记用量兑水 30～45 升/亩使用。出苗后防治,在玉米 3～5 叶期,喷施烟嘧磺隆和氯氟吡氧乙酸复配制剂或烟嘧磺隆和莠去津复配制剂等已登记的玉米苗后除草剂,按登记用量兑水 30～45 升/亩使用。

8. 病虫害防治

(1)生物防治。在 7 月至 8 月中旬,玉米螟第二代和第三代成虫盛发期,释放赤眼蜂,分 2 次释放,每次 6 700 头/亩,间隔 5 天,可有效防治玉米螟;可采用寄生蜂等天敌防治草地贪夜蛾。

(2)物理防治。可在田间放置频振式杀虫灯,害虫成虫发生高峰期定时开灯,可有效防治鳞翅目害虫成虫。或使用性诱剂(性诱剂水盆诱捕器 4 个/亩)监测二点委夜蛾、玉米螟、桃蛀螟、棉铃虫、草地贪夜蛾等虫害。

(3)化学防治。玉米苗期和心叶末期可选用氯虫苯甲酰胺、甲氨基阿维菌素、苏云金杆菌、溴酰·噻虫嗪等防治二点委夜蛾、玉米螟、黏虫、甜菜夜蛾、棉铃虫及其他鳞翅目害虫。玉米 5～8 叶期,用三唑酮可湿性粉剂或多菌灵进行叶面喷雾,防治褐斑病;在玉米心叶末期,选用苯醚甲环唑、代森铵、吡唑醚菌酯、肟菌·戊唑醇等杀菌剂喷施防治叶斑类病害。

9. 适时收获 当夏玉米苞叶变白,上口松开,籽粒基部黑层出现,乳线消失时,玉米达到生理成熟,可采用玉米联合收获机进行收获。

(二)适宜区域

本技术适宜推广应用的区域为黄淮海小麦-玉米一年两熟种植区。

(三)注意事项

本技术在推广应用过程中需特别注意小麦收获机械及玉米播种机械机型的选择。小麦残茬的处理一定要符合标准,选择合适的小麦联合收获机,以确保麦茬、秸秆不会影响到玉米出苗。

六、夏玉米滴灌水肥一体化栽培技术

(一) 技术要点

1. 品种选择与种子处理 选择通过国家或山东省审定的高产、耐密、抗逆性强玉米品种,种子应进行包衣。

2. 播种铺管 选用集播种、铺管、施肥等功能于一体的玉米播种机进行播种、铺管、施肥,采用 60 厘米等行距或者小行距 40 厘米、大行距 80 厘米的大小行播种方式。播深 3～5 厘米为宜,采用精量单粒播种,根据品种特性选择适宜种植密度。等行距播种方式滴灌管铺设在苗带上,滴灌管距离苗 7～10 厘米,大小行播种方式滴灌管铺设在小行中间。滴灌带铺设长度与水压成正比,长度一般为 60～85 米。选用迷宫式或内镶贴片式滴灌带,滴头出水量 1.8～2.0 升/小时,滴头距离 30 厘米。

3. 水肥管理

(1) 水分管理。滴灌灌水次数与灌水量依据玉米需水规律、土壤墒情及降雨情况确定。在足墒播种的情况下,苗期一般不需浇水,控上促下,保证苗期-拔节期、拔节期-吐丝期、吐丝期-灌浆中期、灌浆后期各阶段田间相对含水量分别达到 60%、70%、75%、60%。

(2) 肥料管理。

① 施肥量。施肥量按照目标产量根据养分平衡法计算,滴灌水肥一体化条件下每生产 100 千克籽粒需氮 (N) 2.2 千克,磷 (P_2O_5) 1.0 千克,钾 (K_2O) 2.0 千克。施肥量 (千克/亩) = (作物单位产量养分吸收量×目标产量-土壤测定值×0.15×土壤有效养分校正系数)/(肥料养分含量×肥料利用率)。

② 滴灌追肥方法。播种、大喇叭口期、抽雄吐丝期施肥比例:氮肥为 40%:20%:40%;磷肥为 35%:25%:40%;钾肥为 75%:25%:0%;大喇叭口期添加硫酸锌肥 1.0 千克/亩。追肥应选用水溶性肥料或液体肥料。大喇叭口期随滴灌施肥开始时间安排在灌水总量达到 1/2 后,抽雄吐丝期随灌施肥开始时间安排在灌水总量达到 1/3 后。滴灌施肥结束后,保证滴清水 20～30 分钟,将管道中残留的肥液冲净。

4. 病虫草害防治 按照"预防为主,综合防治"的原则,合理使用化学防治。

5. 收获及收管 根据玉米成熟度适时进行机械收获作业,提倡适当晚收,即籽粒乳线基本消失、基部黑层出现时收获;玉米收获前一周采用滴灌带回收机械回收滴灌带(管)。

(二) 适宜区域

黄淮海有灌溉条件的夏玉米生产区。

(三) 注意事项

(1) 水肥一体化系统的设计、管网布局、安装和材料质量是水肥一体化的基础。

(2) 实施水肥一体化,最重要的是水肥管理,科学灌溉、施肥制度是保证水肥一体化效果的关键。其次,水溶肥的质量和配方是水肥一体化地块玉米产量和品质的保证。

七、夏玉米抗逆防灾减损稳产栽培技术

(一)"良种良田良法良技"抗逆

1. 良种抗逆 根据地力、灌溉条件等因地制宜选择良种。对于生产条件较好的地区,选择增产潜力大的品种;对于一般地区,应选择抗逆性强尤其是稳产的品种。种子包衣在常规杀虫、杀菌的基础上增加调控根冠比类化控制剂,采用超声波等物理活化技术提高种子活力,用寡糖、多糖等进行种子处理提高苗期抗逆性。

2. 良田抗逆 耕地抗逆耕层构建。采用秋深耕(松)和夏免耕技术,秋深耕(松)可显著提高水分储量,夏免耕减少蒸腾量,可以提高玉米抗逆能力,提高水分利用效率,确保干旱发生时利用有限水分保耕保苗。秋深耕(松)深度为25~30厘米,频率为2~3年1次;有条件的地区,可在玉米播种时实施条带旋耕,可有效蓄积夏季降雨资源。增施有机肥、实施黄淮海地区秸秆"一覆盖一深埋"技术,即小麦全量秸秆覆盖还田和玉米粉碎深耕还田技术,可解决该区域两季秸秆难还田的问题,同时构建耕地合理抗逆耕层。

3. 良技增产 小麦收获、秸秆处理还田后,抢早播种、贴茬直播夏玉米,确保关键生育阶段有较好的气候条件,减轻或避开不利天气影响。选用多功能、高精度、种肥同播的玉米单粒精播机械,一次性完成开沟、施肥、播种、覆土、镇压等作业。注意种、肥隔离,避免烧种烧苗。争取在6月20日前完成播种。60厘米等行距种植,播深3~5厘米。确保一次播种实现苗全、苗匀、苗壮。

4. 良法稳产 进行合理密植,选择耐密品种,依据产量目标,构建合理的群体结构。养分合理运筹,以水定产,以产定肥,根据目标产量精准施肥,并适当补充微量元素肥料,提高夏玉米的抗逆性能。

(二)"四法"抗旱

1. 覆盖保墒 冬小麦秸秆机械还田后均匀铺撒于地表,不仅可以有效减少水分流失,也是实现夏玉米种植节约水资源、提升土壤肥力的一项有效措施。

2. 中耕促根 中耕一般应进行2次,苗期可机械浅耕1次,以松土、除草为主。到拔节前,再机械中耕1次,掌握苗旁宜浅、行间要深的原则,主要作用是松土,除草,改善土壤透气性,增加土壤微生物活动能力,减少地面水分蒸发,减少地面径流,以促进根系生长,提高玉米抗旱能力。

3. 磷钾抗旱 增施磷肥、钾肥可促进玉米根系生长,提高玉米抗旱能力。要改"一炮轰"施肥为分次施肥,肥力高的地块氮肥以3:5:2比例为好,即全部有机肥、70%磷钾肥和30%氮肥做基肥,30%的磷钾肥和50%氮肥用作穗肥,20%氮肥用作粒肥;中肥力地块氮肥以3:6:1比例为好,即全部有机肥、70%磷钾肥和30%氮肥做基肥,30%的磷钾肥和60%氮肥用作穗肥,10%氮肥用作粒肥。根据试验,旱地玉米适宜的施肥量为施纯氮(N)18~21千克/亩,磷(P_2O_5)5~7.5千克/亩,钾(K_2O)5~6千克/亩。

4. 集雨补灌 在中低产田地块和没有灌溉条件的地区,修建集雨窖(池),在夏玉米缺水期,尤其在玉米抽雄到吐丝期间,由于气温较高,蒸腾作用旺盛,对水分的需求量较大,需要给予玉米植株必要的水分供给。

（三）"四法"防涝

1. 疏通沟渠 因地制宜地搞好农田排水设施，真正做到旱能浇、涝能排，在雨季来临之前，及时疏通沟渠，尤其是确保整个沟渠或者流域的畅通，确保雨涝发生后积水能够及时排除。

2. 降墒排水 采用大垄双行的种植方式或开挖沥水沟。一是利于耕层土壤沥水，快速降低土壤耕层的滞水量；二是提高玉米根系着生和分布高程，改善玉米根系分布土壤的通气条件。

3. 中耕减渍 渍涝排水后及早中耕松土，不仅可疏松表土，增加土壤通气性，促进表层水分散失，减轻渍涝危害，还能改善土壤水、气、热条件。土壤较湿时，可以沿玉米垄先划锄一侧，这样既可以减轻对根系的伤害，又能提高松土的效率。

4. 追肥壮苗 受涝地块容易造成土壤养分流失，渍涝发生后，要及时喷施叶面肥，排涝后应及时补充速效氮肥，促进玉米及时恢复生长，减少产量影响。穗肥以氮肥为主，每亩追施尿素 15～20 千克、硫酸钾 15～18 千克，高产地块适当加大施肥量。利用机械在距植株 10 厘米左右处开沟，10 厘米深施。

（四）"一防双减"防病虫

病虫害防治要防治结合、统防统治、整体推进，确保防治效果。大喇叭口期至开花授粉期是进行"一防双减"的关键时期，应科学组配氟苯虫酰胺、氯虫苯甲酰胺、四氯虫酰胺、氯虫·噻虫嗪、除脲·高氯氟等杀虫剂和吡唑醚菌酯、唑醚·氟环唑、丙环·嘧菌酯等杀菌剂，利用大型车载施药器械或无人机进行规模化防治，压低玉米中后期穗虫发生基数、减轻病害流行程度，降低病虫害造成的产量损失。

（五）抗逆减灾防热害和寡照

开花授粉期遇到高温热害或阴雨寡照，会严重影响授粉质量，可采取人工辅助授粉等补救措施，提高结实率，防止花落，增加穗粒数。有条件的地方可用小型无人机低飞辅助散粉，提高效率。结合叶面喷施微肥、寡糖、多糖、调控制剂等措施，防御高温热害和阴雨寡照等逆境。

（六）促壮防倒伏

水肥充足或群体过大，容易造成植株旺长，增加倒伏风险，可在玉米 7～11 片叶展开期喷施化控剂，适度控制株高，增强抗逆能力和抗倒伏能力，有利于改善群体结构。使用化控剂要注意合理浓度配比，以免影响施用效果。密度合理、生长正常的田块和低肥力的中低产田以及缺苗补种地块不宜化控。

（七）灾后补救

根据干旱、洪涝、倒伏、高温等灾害发生时间及严重情况，对灾情进行分类管理。苗期严重灾害可选择早熟品种或其他短生育期作物替换；中后期严重灾害，及时抢收作青贮饲料，将损失降到最低。

第三节　冬小麦-夏玉米周年主推技术

冬小麦-夏玉米周年轮作是山东省及周边地区主要的耕作制度，在此基础上，统筹考虑周年光温肥水的高效利用，小麦、玉米的茬口有效衔接，全程机械化操作等因素，实现周年"吨半粮"生产的目标。本节为冬小麦-夏玉米周年主推技术，包括冬小麦-夏玉米的绿色高效生产技术、冬小麦-夏玉米全程机械化高产高效技术、冬小麦-夏玉米周年一体化肥料配施高效利用技术、冬小麦-夏玉米周年"双晚双减"丰产增效技术，为读者提供通俗的技术指导。

一、冬小麦-夏玉米绿色高效生产技术

（一）小麦季

应选用抗病品种，并做好种子包衣。通过秸秆粉碎还田、施有机肥、耕前调墒、隔年翻松并与耙压配合作业、底肥按比例分层条施、种肥同播、播后镇压关键技术环节，创建土壤物理结构、养分含量及其分布合理的耕层。

1. 适时宽苗带精量播种 冬性品种在日平均气温 $16\sim18\,℃$ 时播种，半冬性品种在日平均气温 $14\sim16\,℃$ 时播种。每亩基本苗 12 万～16 万。秸秆还田和整地质量较差的麦田应在上述种植密度的基础上适当增加基本苗每亩 2 万～5 万。小麦播种采用宽苗带精播方式，平均行距 25 厘米，苗带宽度 8～10 厘米。

2. 关键生育时期按需补灌 冬小麦一生中一般需要在播种期补灌保苗水，在越冬期补灌促壮水，在拔节期补灌稳产水，在开花期补灌增产水。

冬小麦在各关键生育时期是否需要补灌以及所需补灌水量，采用微灌系统进行精量灌溉。按照《小麦微喷补灌节水技术规程》，利用作物按需补灌水肥一体化管理决策支持系统（http://www.cropswift.com/），输入播种期 0～40 厘米土层土壤容重、田间持水率、体积含水率及某生育阶段的有效降水量即可确定。

3. 适时水肥一体化管理 小麦季氮、磷、钾肥的施用时期和数量，按照《冬小麦水肥一体化技术规程》，根据土壤质地、耕层主要养分含量和小麦目标产量确定。连续 3 年以上按推荐数量增施有机肥的地块，可在此基础上减少化肥投入 20%～30%。

小麦拔节期和开花期需要追肥的麦田，选用可溶性常规固体肥料，使用与微灌系统相配套的溶肥和注肥设备，在补灌水的同时，将肥液注入输水管，使其随灌溉水均匀施入田间。

4. 病虫害绿色综合防控 起身至拔节期阻击蔓延，抽穗至灌浆期"一喷三防"。

采用高效低毒且符合国家法律法规和环保要求的农药。大规模经营主体（总面积＞25 000 亩，单块地面积＞1 500 亩）宜采用飞机大面积喷防；小规模地块宜采用无人机或防飘对靶减量施药植保机械喷防。

5. 加强非生物灾害预防

（1）镇压控旺。于越冬前或返青至起身期对旺长麦田镇压 1～2 次。

（2）抵御干热风。于灌浆中后期在预报高温当天 10:00 时微喷 5～10 毫米水，以增湿降温，预防干热风。

6. 适时机械收获 蜡熟末期至完熟初期机械收获，麦秸粉碎还田。

（二）玉米季

应选用抗病品种，并做好种子包衣。采用具有种肥同播且正位穴施肥功能的玉米单粒

精播机贴茬免耕播种，底肥穴施于种子正下方，与种子间距 10 厘米左右，播种深度一般为 3～5 厘米。

1. 关键生育时期按需补灌 夏玉米一生中一般需要在播种期补灌保苗水，在拔节期补灌促壮水，在大喇叭口期补灌稳产水，在吐丝期补灌增产水。

夏玉米在各关键生育时期是否需要补灌以及所需补灌水量，采用微灌系统进行精量灌溉。利用作物按需补灌水肥一体化管理决策支持系统（http://www.cropswift.com/），输入播种期 0～40 厘米土层土壤容重、田间持水率、体积含水率及某生育阶段的有效降水量即可确定。

2. 适时水肥一体化管理 亩产 800～900 千克的地块，玉米季纯氮（N）、磷（P_2O_5）和钾（K_2O）施用总量分别为 12.8～16 千克/亩、6～8 千克/亩和 6～8 千克/亩，其他产量地块按比例增减。连续 3 年以上按推荐数量增施有机肥的地块，可在此基础上减少化肥投入 20%～30%。追肥时选用可溶性常规固体肥料，使用与微灌系统相配套的溶肥和注肥设备，在补灌水的同时，将肥液注入输水管，使其随灌溉水均匀施入田间。

3. 病虫害绿色综合防控 采用黑光灯、震频式杀虫灯、色光板、性诱剂释放器等物理装置诱杀鳞翅目、同翅目害虫。选用高效低毒农药，分别于苗期和生育中后期防治病虫害。建议用生物农药替代化学农药。防治玉米大斑病等病害，可施用 200 亿芽孢/毫升枯草芽孢杆菌可分散油悬浮剂每亩 70～80 毫升喷雾。防治玉米螟等鳞翅目害虫可施用苏云金杆菌可湿性粉剂、白僵菌制剂或悬挂松毛虫赤眼蜂卡等。药械使用与小麦季相同。

4. 加强非生物灾害预防

（1）控旺防倒。在拔节至小喇叭口期，对长势过旺的玉米，喷施安全高效的植物生长调节剂，抑制其茎秆过度伸长。

（2）排水防涝。玉米生长季遇强降雨或连续降雨时，及时排水防涝。

（3）抵御高温危害。玉米抽雄吐丝期遇高温时实施微喷增湿降温。

5. 适时机械收获 夏玉米成熟期使用玉米联合收获机收获。玉米籽粒机械直收应待籽粒含水率下降至 25%～30% 时进行。

（三）适宜区域

黄淮海冬小麦-夏玉米一年两熟制地区。

（四）注意事项

（1）微灌系统采用的微喷头，工作压力为 0.15～0.25 兆帕，流量不大于 250 升/小时；采用的微喷带应为小麦和玉米专用微喷带。

（2）注重秸秆粉碎还田质量。秸秆量过大的地块，提倡将秸秆综合利用，部分回收与适量还田相结合。

二、冬小麦-夏玉米全程机械化高产高效技术

（一）核心技术及其配套技术主要内容

1. 播期及收获期 提倡冬小麦晚播、夏玉米晚收。冬小麦播期宜为 10 月 10—15 日；夏玉米收获期宜为 10 月 5—15 日。

2. 品种选择 冬小麦选用高产、抗倒伏、抗病的中早熟品种。夏玉米选用株型紧凑、

耐密、抗病、抗倒伏、适宜机械化生产的中晚熟品种。

3. 周年施肥量与分配 冬小麦-夏玉米周年施用纯氮（N）28～33千克/亩，磷（P_2O_5）13～16千克/亩，钾（K_2O）18～24千克/亩，硫酸锌2～4千克/亩，增施优质腐熟有机肥3 000千克/亩。其中小麦季施用纯氮（N）14～16千克/亩，磷（P_2O_5）7～8千克/亩，钾（K_2O）9～12千克/亩及全部有机肥；玉米季施用纯氮（N）14～16千克/亩，磷（P_2O_5）6～8千克/亩，钾（K_2O）9～12千克/亩，硫酸锌2～5千克/亩，不施用有机肥。

4. 小麦季技术要点

（1）播种。选用小麦精播机或半精播机播种。宜根据畦宽和苗带宽度确定播种行数，行距宜20～28厘米。两幅间及与相邻边行间预留30厘米玉米播种行，两边预留行兼小麦田间管理机械行走道。小麦田间管理机械轮距宜为120～180厘米。播种深度为3～5厘米。选用带镇压器的播种机同步镇压或播种后再用镇压器镇压1～2遍。

（2）施肥。将7～8千克/亩的氮肥、3 000千克/亩的有机肥、7～8千克/亩的磷肥以及6千克/亩的钾肥作底肥结合播前整地一次性施入。分蘖成穗率低的大穗型品种，在拔节初期，使用水肥一体化追施7～8千克/亩的氮肥及3～6千克/亩的钾肥；分蘖成穗率高的中穗型品种，在拔节初期至中期，追施7～8千克/亩的氮肥及3～6千克/亩的钾肥。

（3）灌溉。于11月下旬至12月上旬浇越冬水，日平均气温降至3～5℃时开始灌溉，每亩灌水量40米³，冬灌后墒情适宜时要及时划锄。分蘖成穗率低的大穗型品种，在拔节期前或拔节初期浇水。分蘖成穗率高的中穗型品种，地力水平较高时，群体适宜的麦田，宜在拔节初期或中期浇水。拔节水每亩灌水量40～50米³。小麦挑旗期墒情较差时，应及时浇水，墒情较好时，可推迟至开花期浇水，以后不再浇水；如小麦挑旗期和开花期墒情较好，可推迟至灌浆初期浇水。每亩灌水量30～40米³。禁止浇麦黄水。

（4）田间管理。小麦出苗后，及时查苗，如有缺苗断垄，在2叶期前浸种催芽，及时补种。小麦3叶期至拔节前，每遇降雨或浇水后，要及时中耕2～3次。对冬前总茎数大于80万/亩的麦田，要注意进行镇压或深耕断根，深耕深度10厘米左右。小麦3叶期或返青后及时进行化学除草1次，使用吊杆式喷雾机，作业幅宽应为畦宽整倍数。小麦苗期：地下害虫可用40%的辛硫磷乳油或20%的毒死蜱喷雾或灌根防治；结合使用吡虫啉和红白螨死防治蚜虫和红蜘蛛。返青至拔节期：每亩用5%井冈霉素水剂300～400毫升，兑水15升，喷雾防治纹枯病和白粉病。开花至灌浆期：将70%甲基硫菌灵可湿性粉剂、10%吡虫啉、20%甲氰菊酯乳油和0.2%～0.3%磷酸二氢钾兑水混配，进行"一喷三防"，达到防虫、防病、防干热风的目的。

（5）收获。联合收获机的割幅应与畦宽一致，秸秆粉碎还田。留茬高度≤15厘米，秸秆粉碎长度≤10厘米，秸秆切碎合格率≥90%，并均匀抛撒。

5. 玉米季技术要点

（1）播种。选用经过包衣处理的商品种。播种时间在6月10—15日。可根据品种耐密特性酌情增减，一般留苗4 500～4 800株/亩。精量单粒播种，所选播种机具应与种植模式规格标准相配套。贴茬直播，宜采用等行距机械播种，行距宜60厘米。清茬直播，可采用等行距或大小行机械播种。大小行播种时，大行距一般为70～80厘米，小行距一般为 40～50 厘米，播种深度为 3～5 厘米。

（2）施肥。施用氮肥（N）7～8 千克/亩、磷肥（P_2O_5）6～8 千克/亩、钾肥（K_2O）5～7 千克/亩和硫酸锌肥 2～3 千克/亩。推荐选用玉米专用缓控释肥料一次性施入，注意种肥隔离，严防烧种。于拔节期或小喇叭口期采用水肥一体化技术追施 3.5～4.5 千克/亩的氮肥及 2～3 千克/亩的钾肥；于花粒期采用水肥一体化技术追施 3.5～4.5 千克/亩的氮肥及 2～3 千克/亩的钾肥。

（3）灌溉与排涝。田间持水量低于 60% 以下时，及时灌溉；遇强降雨，应及时酌情排涝。

（4）田间管理。于拔节期或小喇叭口期，结合除草中耕 1 次。根据当地玉米病虫害的发生规律，合理选用药剂及用量。苗期注意粗缩病、黏虫、地下害虫的防治。在小喇叭口期（第 9～10 叶展开），用 2.5% 的辛硫磷颗粒剂撒于心叶丛中防治玉米螟，每株用量 1～2 克；抽雄期前后防治玉米茎腐病、锈病、小斑病、大斑病等。采用自走式高架喷杆喷雾机或农用航空施药机械进行施药防治病虫害，提高药液喷施的均匀性和对靶性。

（5）收获。采用籽粒收获，玉米籽粒含水量≤28%，否则应采用摘穗收获。应选用割台行距与玉米种植行距相适应的收获机械。玉米收获后，秸秆应粉碎还田或回收处理。采用秸秆粉碎还田机直接粉碎还田时，秸秆粉碎长度≤5 厘米，切碎合格率≥90%，留茬高度≤8 厘米；回收玉米秸秆，宜使用打捆机打捆裹包后运出。

（二）适宜区域

本技术适宜推广应用的区域为黄淮海平原夏玉米种植区。

（三）注意事项

该技术在推广应用过程中需特别注意小麦收获机械及玉米播种机械机型的选择。小麦残茬的处理一定要符合标准，选择合适的小麦联合收获机或者灭茬机械，以确保麦茬、秸秆不会影响到玉米出苗。选择玉米苗带清茬种肥精准同播播种机，实现清茬、播种、施肥、覆土和镇压等联合作业。小面积作业宜选用一般玉米种肥同播机，大面积作业推荐气吸式或指夹式玉米精量播种机；在土层板结或带肥量大的情况下，宜选择深松多层施肥玉米精量播种机；在土层深厚、秸秆抛撒均匀的地区，宜选用"三位"施肥玉米精播机。

三、冬小麦-夏玉米周年一体化肥料配施高效利用技术

核心技术及其配套技术主要内容

1. 核心技术　冬小麦-夏玉米周年一体化肥料配施高效利用技术的核心是降低冬小麦-夏玉米生产体系的周年氮素投入量，同时优化周年大量养分投入比例，总体可以概括为"两优化两降低"。一优化是将原有周年生产体系中氮（N）、磷（P_2O_5）、钾（K_2O）三种主要养分的比例从 3：1：3 优化为 3：1：1；二优化是优化氮素在小麦、玉米两季作物间的分配，小麦季氮肥投入量为 16 千克/亩，玉米季为 20 千克/亩。一降低是将周年纯氮投入量从当前生产中农民常规用量的 42 千克/亩降低至 36 千克/亩；二降低是降低钾（K_2O）投入量至 12 千克/亩。

小麦播种前将全部磷、钾肥和 50% 的氮肥作为基肥施入，剩余的 50% 氮肥作为追肥在拔节前、中期追施。

玉米季肥料按照 $N：P_2O_5：K_2O=3：1：1$ 比例制造掺混肥（控释氮肥比例30％，控释期90天）种肥同播一次性施入。

2. 配套技术 冬小麦-夏玉米周年一体化肥料配施高效利用技术的配套技术包含下列3项：冬小麦-夏玉米双季秸秆全量还田技术、冬小麦-夏玉米周年生产"两旋一深"土壤优化轮耕技术、玉米种肥精量同播技术。

四、冬小麦-夏玉米周年"双晚双减"丰产增效技术

（一）技术要点

1. 匹配作物品种 小麦选用单株生产力高和抗逆性强的优质高产中早熟品种；玉米选用耐密抗倒、适应性强、高产宜机收的中晚熟品种。

2. 统筹周年肥料用量 以周年控氮、小麦重磷、玉米重钾、平衡施肥为原则，实现小麦玉米周年养分协同。优化周年氮肥（N）用量为25～28千克/亩（周年减氮10％～20％），小麦季55％、玉米季45％；磷肥（P_2O_5）用量为10～14千克/亩，小麦季60％、玉米季40％；钾肥（K_2O）用量为11～13千克/亩，小麦季45％、玉米季55％；每隔2年配施硫酸锌2～3千克/亩、商品有机肥60～100千克/亩或农家肥300～400千克/亩。

3. 耕层土壤合理耕作 以"增碳调氮、两旋一松"为原则，双季秸秆还田且优化调节碳氮比至25∶1，玉米季免耕、小麦季2年旋耕＋1年深耕（松）25厘米以上，打破犁底层，逐步加厚耕层土壤。

4. 优化适宜播期和收获期 以小麦晚播玉米晚收、适当延长玉米季为原则，实现周年光温资源利用效率提高。小麦延期播种7～10天，蜡熟末期至完熟初期及时收获，其中鲁东、鲁中、鲁北适宜播期为10月1—10日，鲁西适宜播期为10月3—12日，鲁南、鲁西南适宜播期为10月5—15日；玉米抢茬播种、延期收获5～10天，待籽粒乳线基本消失、基部黑层形成时机械收获，籽粒水分含量降至26％以下时即可籽粒直收。

5. 种肥同播节本增效 施用小麦专用控释配方肥（$N：P_2O_5：K_2O=26：11：8$，含锌≥1％）50～55千克/亩，基肥一次性施用；玉米专用缓控释肥（$N：P_2O_5：K_2O=26：8：1$，含锌≥1％）45～50千克/亩，种肥同播。小麦选用带有镇压装置的小麦宽幅精播机，苗带宽控制在8厘米左右，行距控制在22～26厘米，播种深度为3～5厘米，播种机行走时速5千米/小时，以保证播量准确、行距一致、不漏播、不重播、籽粒分布均匀；玉米选用带有施肥装置的单粒精播机进行种肥同播，行距60厘米，播深3～5厘米，种子与肥料水平距离10～15厘米。播种机行走速度在每小时5千米左右，避免漏播、重播或镇压轮打滑。

6. 化学除草 小麦3叶期或返青后及时进行化学除草1次。阔叶杂草可用10％苯磺隆每亩10～15克或5％苯磺隆干悬浮剂每亩1.5～2克兑水30升喷雾防治。禾本科杂草用6.9％精噁唑禾草灵乳剂（骠马）每亩40～58毫升，兑水30升喷雾。阔叶杂草和禾本科杂草混合发生的可用以上药剂混合使用。玉米出苗前防治，可在播种时同步均匀喷施40％乙·阿合剂每亩200～250毫升或33％二甲戊乐灵乳油每亩100毫升或72％异丙甲草胺乳油每亩80毫升兑水50升，在地表形成一层药膜。出苗后防治，可在玉米幼苗3～5叶、杂草2～5叶期用4％烟嘧磺隆悬浮剂每亩80毫升兑水50升定向喷雾处理。

7. 病虫害综合防控　小麦季苗期地下害虫可每亩用5%辛硫磷颗粒剂2千克，兑细土30～40千克，拌匀后顺垄撒施后接着划锄覆土。起身至拔节期每亩用5%井冈霉素水剂500倍液喷洒小麦茎基部防治纹枯病，用20%哒螨灵乳油或1.8%阿维菌素乳油每亩10～15毫升兑水喷雾防治麦蜘蛛。开花至灌浆期每亩用20%甲三唑酮乳油50毫升＋10%吡虫啉可湿性粉剂10克＋磷酸二氢钾100克，兑水30升喷雾防治。玉米季苗期可用5%吡虫啉乳油2 000～3 000倍液或40%乐果乳油1 000～1 500倍液喷雾防治灰飞虱和蓟马；用20%速灭杀丁乳油或50%辛硫磷乳油1 500～2 000倍液防治黏虫。在大喇叭口期（第11～12叶展开），用2.5%的辛硫磷颗粒剂撒于心叶丛中防治玉米螟，每株用量1～2克；用10%双效灵200倍液，防治玉米茎腐病；用25%粉锈宁可湿性粉剂1 000～1 500倍液，或者用50%多菌灵可湿性粉剂500～1 000倍液喷雾防治锈病、小斑病、大斑病等。

（二）适宜区域

适宜在黄淮海冬小麦-夏玉米一年两熟地区推广应用。

（三）注意事项

保肥保水能力差的沙壤土地块不宜采用本技术。

第三章 "吨半粮"产能创建优良作物品种

粮安天下，种铸基石。种子是农业的"芯片"，优良品种的产量贡献率能达到45%以上，是产量形成的关键和基础。"吨半粮"产能创建目标的实现离不开优良品种的支撑，与良田、良技、良机结合，充分发挥出良种的高产潜力。本章所展示的品种重点参考了2020—2023年山东省小麦、玉米主栽品种面积数据，2022年，德州市"吨半粮"测产中超过产量目标（小麦650千克，玉米850千克）的品种数据情况，2023年国家与山东省农作物优良品种推广目录等资料，经过遴选推荐、函询专家意见、线上征集意见、专家论证等过程，以产量指标为主，兼顾抗性和熟期，选择了高产稳产、多点试验示范表现优异的品种，满足小麦玉米周年茬口有效衔接，希望读者在大致了解某一品种的情况下，结合当地生态和生产条件加以分析和应用。

第一节 冬小麦优良品种

小麦是我国主要粮食作物，黄淮海地区为冬麦区，近年来随着玉米晚收小麦晚播"双晚技术"的逐渐应用，小麦播种时间延迟，加之小麦的生长发育周期较长，因此，生育期内气候生态条件对于小麦的产量影响越来越明显。干旱、冻害、低温冷害、干热风等对小麦产量影响较大，因此本节选择了一些高产稳产或者多点试验示范优秀的小麦品种，对品种来源、特征特性、产量表现、栽培技术要点、适宜范围等作简要介绍，为读者科学选种提供参考。

一、济麦22

1. 品种来源 由山东省农业科学院作物研究所用935024/935106杂交育成。2006年通过国家审定（审定编号：国审麦2006018）。

2. 特征特性 半冬性，中晚熟，成熟期比对照品种石4185晚1天。幼苗半匍匐，分蘖力中等，成穗率高。株高72厘米左右，株型紧凑，旗叶深绿、上举，长相清秀，穗层整齐。穗纺锤形，长芒、白壳、白粒，籽粒饱满、角质。亩穗数40.4万穗，穗粒数36.6粒，千粒重40.4克。茎秆弹性好，较抗倒伏。接种抗病性鉴定：中抗白粉病，中抗至中感条锈病，中感至高感秆锈病，高感叶锈病、赤霉病、纹枯病。2005年、2006年分别测定混合样：容重809克/升、773克/升，蛋白质（干基）含量13.7%、14.9%，湿面筋含量31.7%、34.5%，沉降值30.8毫升、31.8毫升，吸水率63.2%、61.1%，稳定时间2.7分钟、2.8分钟，最大拉伸阻力196E.U.、238E.U.，拉伸面积45厘米^2、58厘米^2。

3. 产量表现 2004—2005年度参加黄淮冬麦区北片水地组品种区域试验，平均亩产517.06千克，比对照品种石4185增产5.03%（显著）；2005—2006年度续试，平均亩产

519.1 千克，比对照品种石 4185 增产 4.30％（显著）。2005—2006 年度生产试验，平均亩产 496.9 千克，比对照品种石 4185 增产 2.05％。

4. 栽培技术要点　适宜播期为 10 月上旬，播种量不宜过大，每亩适宜基本苗 10 万～15 万苗。

5. 适宜范围　适宜在黄淮冬麦区北片的山东、河北南部、山西南部、河南安阳和濮阳的水地种植。

二、山农 28 号

1. 品种来源　由山东农业大学和淄博禾丰种子有限公司用 4142/6125 杂交育成。2017 年通过国家审定（审定编号：国审麦 20170018）。

2. 特征特性　半冬性，全生育期 240 天，比对照品种良星 99 早熟 1 天。幼苗半匍匐，抗寒性好，分蘖力强。株高 81 厘米，株型稍松散，茎秆细、弹性较好。穗茎有蜡质，旗叶小、上举，穗层不整齐，熟相较好。穗纺锤形、白壳、短芒、白粒，籽粒角质，饱满度中等。亩穗数 46.9 万穗，穗粒数 31.4 粒，千粒重 47.1 克。抗病性鉴定：中抗条锈病，中感白粉病和纹枯病，高感赤霉病和叶锈病。品质检测：容重 819 克/升，蛋白质含量 13.8％，湿面筋含量 30.5％，稳定时间 2.6 分钟。

3. 产量表现　2013—2014 年度参加黄淮冬麦区北片水地组品种区域试验，平均亩产 596.0 千克，比对照品种良星 99 增产 2.8％；2014—2015 年度续试，平均亩产 593.6 千克，比良星 99 增产 6.0％。2015—2016 年度生产试验，平均亩产 610.2 千克，比对照品种良星 99 增产 6.0％。

4. 栽培技术要点　适宜播种期为 10 月上中旬，每亩适宜基本苗 12 万～15 万，晚播应适当增加播种量。注意防治蚜虫、赤霉病、叶锈病、白粉病和纹枯病等病虫害。

5. 适宜范围　适宜在黄淮冬麦区北片的山东、河北中南部、山西南部的水肥地块种植。

三、德麦 008

1. 品种来源　由德州市德农种子有限公司用泰农 18 与济麦 20 杂交后选育。2019 年通过山东省审定（审定编号：鲁审麦 20196019）。

2. 特征特性　半冬性，幼苗直立，株型紧凑，叶色绿色，叶片上冲，抗倒伏性好，熟相好。两年试验结果平均：生育期 227 天，熟期与对照品种济麦 22 相当；株高 67.6 厘米，亩最大分蘖 90.3 万，亩有效穗 39.9 万，分蘖成穗率 44.8％；穗长方形，穗粒数 36.4 粒，千粒重 43.5 克，容重 771.5 克/升；长芒、白壳、白粒，籽粒硬质。2019 年河北省农林科学院植物保护研究所接种抗病鉴定结果：中抗叶锈病，中感白粉病、纹枯病和条锈病，高感赤霉病。越冬抗寒性较好。2018—2019 年区域试验统一取样，经农业农村部谷物品质监督检验测试中心（泰安）品质分析：籽粒蛋白质含量 13.0％，湿面筋含量 31.0％，沉降值 30.5 毫升，吸水率 62.6％，稳定时间 5.0 分钟，面粉白度 75.1。

3. 产量表现　在 2017—2019 年齐鲁小麦联合体小麦品种高产组区域试验，两年平均亩产 568.5 千克，比对照品种济麦 22 增产 5.3％；2018—2019 年生产试验，平均亩产

605.2 千克，比对照品种济麦 22 增产 5.3%。

4. 栽培技术要点 适宜播期为 10 月 1—15 日，每亩适宜基本苗 12 万～15 万。注意防治赤霉病。其他管理措施同一般大田。

5. 适宜范围 适宜在山东高产地块种植利用。

四、山农 38

1. 品种来源 由山东农业大学用济麦 22 与山农 664 杂交育成。2019 年通过山东省审定（审定编号：鲁审麦 20190010），2022 年通过国家审定（审定编号：国审麦 20220049）。

2. 特征特性 半冬性，全生育期 238.8 天，比对照品种济麦 22 熟期稍早。幼苗半匍匐，叶片窄，叶色灰绿，分蘖力强。株高 80.3 厘米，株型较紧凑，抗倒性一般，整齐度好，穗层整齐，熟相好。穗长方形，长芒、白粒，籽粒硬质、饱满。亩穗数 47.2 万穗，穗粒数 34.4 粒，千粒重 42.6 克。抗病性鉴定：高感赤霉病、条锈病、叶锈病，中感纹枯病、白粉病。抗寒性好。两年品质检测：籽粒容重 825 克/升、821 克/升，蛋白质含量 13.6%、13.3%，湿面筋含量 31.2%、32.3%，稳定时间 2.2 分钟、2.3 分钟，吸水率 62%、60%。

3. 产量表现 2018—2019 年度参加黄淮冬麦区北片水地组区域试验，平均亩产 614.9 千克，比对照品种济麦 22 增产 4.7%；2019—2020 年度续试，平均亩产 576.8 千克，比对照品种济麦 22 增产 5.8%。2020—2021 年度生产试验，平均亩产 608.9 千克，比对照品种济麦 22 增产 6.6%。

4. 栽培技术要点 适宜播种期为 10 月中上旬，每亩适宜基本苗 15 万～18 万。注意及时防治病虫害。

5. 适宜范围 适宜在黄淮冬麦区北片的山东全部、河北保定和沧州的南部及其以南地区、山西运城和临汾的盆地灌区高中水肥地块种植。

五、烟农 1212

1. 品种来源 由山东省烟台市农业科学研究院用烟 5072/石 94 - 5300 杂交育成。2020 年通过国家审定（审定编号：国审麦 20200049）。

2. 特征特性 半冬性、全生育期 232.1 天，与对照品种济麦 22 相当。幼苗半匍匐，叶片宽短，叶色深绿，分蘖力较强。株高 75.7 厘米，株型较紧凑，抗倒性较好，抗寒性较好。整齐度好，穗层整齐，熟相一般。穗形棍棒形，长芒、白粒，籽粒偏粉质，饱满度好。亩穗数 44.9 万穗，穗粒数 33.95 粒，千粒重 42.35 克。抗病性鉴定：中感纹枯病，感白粉病，高感赤霉病、条锈病、叶锈病。两年品质检测：籽粒容重 815.5 克/升、792.5 克/升，蛋白质含量 13.5%、14.4%，湿面筋含量 27.1%、29.8%，稳定时间 5.1 分钟、2.6 分钟，吸水率 54.2%、50.9%，最大拉伸阻力 365 E. U.、423 E. U.，拉伸面积 74.0 厘米^2、82.0 厘米^2。

3. 产量表现 2016—2017、2017—2018 年度参加国家小麦良种重大科研联合攻关黄淮冬麦区北片水地组区域试验，平均亩产 594.2 千克，比对照品种济麦 22 增产 5.71%；

2017—2018 年续试,平均亩产 480.2 千克,比对照品种济麦 22 增产 4.35%;2017—2018 年生产试验,平均亩产 502.7 千克,比对照品种济麦 22 增产 4.76%。

4. 栽培技术要点 适宜播种期为 10 月上中旬,每亩适宜基本苗 15 万~18 万。注意防治蚜虫、赤霉病、白粉病、条锈病、叶锈病和纹枯病。

5. 适宜范围 适宜在黄淮冬麦区北片的山东全部、河北保定和沧州的南部及其以南地区、山西运城和临汾的盆地灌区种植。

六、山农 40

1. 品种来源 由山东农业大学用 SN67021、CD08 - 1840 与济麦 22 杂交育成。2020 年通过山东省审定(审定编号:鲁审麦 20200017)。

2. 特征特性 半冬性,幼苗半匍匐,株型半紧凑,叶色绿,旗叶上冲、倒二叶斜上举,较抗倒伏,熟相好。两年区域试验结果平均:生育期 231 天,比对照品种鲁麦 21 晚熟 1 天;株高 71.8 厘米,亩最大分蘖 89.6 万,亩有效穗 41.6 万,分蘖成穗率 44.1%;穗长方形,穗粒数 37.7 粒,千粒重 39.8 克,容重 785.1 克/升;长芒、白壳、白粒,籽粒硬质。2019 年中国农业科学院植物保护研究所接种鉴定结果:条锈病免疫,中抗赤霉病,中感白粉病,高感叶锈病和纹枯病。越冬抗寒性好。抗旱性较弱,与对照品种鲁麦 21 相当。2017—2019 年区域试验统一取样,经农业农村部谷物品质监督检验测试中心(泰安)品质分析:籽粒蛋白质含量 13.7%,湿面筋含量 32.0%,沉降值 31.5 毫升,吸水率 63.0%,稳定时间 4.5 分钟,面粉白度 75.6。

3. 产量表现 在 2017—2019 年山东省小麦品种旱地组区域试验中,两年平均亩产 478.5 千克,比对照品种鲁麦 21 增产 5.0%;2019—2020 年旱地组生产试验,平均亩产 482.5 千克,比对照品种鲁麦 21 增产 6.8%。

4. 栽培技术要点 适宜播期为 10 月 5—15 日,每亩适宜基本苗 12 万~15 万。注意防治叶锈病和纹枯病。其他管理措施同一般大田。

5. 适宜范围 适宜在山东旱肥地块种植利用。

七、山农 29 号

1. 品种来源 由山东农业大学用临麦 6 号/J1781(泰农 18 姊妹系)杂交育成。2016 年通过山东省和国家审定(审定编号:国审麦 2016024)。

2. 特征特性 半冬性,全生育期 242 天,与对照品种良星 99 熟期相当。幼苗半匍匐,分蘖力中等,成穗率高,穗层整齐,穗下节短,茎秆弹性好,抗倒性较好。株高 79 厘米,株型较紧凑,旗叶上举,后期干尖略重,茎秆有蜡质,熟相中等。穗近长方形,小穗排列紧密、长芒、白壳、白粒,籽粒角质,饱满度较好。亩穗数 46.1 万穗,穗粒数 33.8 粒,千粒重 44.5 克。抗寒性鉴定:抗寒性级别 1 级。抗病性鉴定:慢条锈病,中感白粉病,高感叶锈病、赤霉病和纹枯病。品质检测:籽粒容重 797 克/升,蛋白质含量 13.5%,湿面筋含量 28.6%,沉降值 29.7 毫升,吸水率 57.6%,稳定时间 4.7 分钟,最大拉伸阻力 300 E.U.,延伸性 133 毫米,拉伸面积 56 厘米²。

3. 产量表现 2012—2013 年度参加黄淮冬麦区北片水地组区域试验,平均亩产

521.4 千克,比对照品种良星 99 增产 4.7％;2013—2014 年度续试,平均亩产 620.0 千克,比对照品种良星 99 增产 6.4％。2014—2015 年度生产试验,平均亩产 611.5 千克,比对照品种良星 99 增产 6.9％。

4. 栽培技术要点 适宜播种期为 10 月上旬,每亩适宜基本苗 18 万~22 万。注意防治蚜虫、叶锈病、赤霉病和纹枯病等病虫害。

5. 适宜范围 适宜在黄淮冬麦区北片的山东、河北中南部、山西南部的水肥地块种植。

八、太麦 198

1. 品种来源 由泰安市泰山区久和作物研究所用良星 619 与山农 2149 杂交后选育。2016 年通过山东省审定(审定编号:鲁审麦 20160056)。

2. 特征特性 冬性,幼苗半直立。株型半紧凑,叶色深绿,叶片上挺,较抗倒伏,熟相好。两年区域试验结果平均:生育期 233 天,与对照品种济麦 22 相当;株高 73 厘米,亩最大分蘖 99.2 万,亩有效穗 43.5 万,分蘖成穗率 43.9％;穗长方形,穗粒数 36.5 粒,千粒重 43.6 克,容重 786.8 克/升;长芒、白壳、白粒,籽粒硬质。2016 年中国农业科学院植物保护研究所接种抗病鉴定结果:高抗叶锈病,中抗赤霉病,中感白粉病和纹枯病,高感条锈病。越冬抗寒性较好。2014 年、2015 年区域试验统一取样,经农业部谷物品质监督检验测试中心(泰安)品质分析:籽粒蛋白质含量 13.0％,湿面筋含量 33.1％,沉降值 30.2 毫升,吸水率 61.9％,稳定时间 4.4 分钟,面粉白度 76.3。

3. 产量表现 在 2013—2015 年山东省小麦品种高肥组区域试验中,两年平均亩产 599.9 千克,比对照品种济麦 22 增产 5.4％;2015—2016 年高肥组生产试验,平均亩产 634.3 千克,比对照品种济麦 22 增产 6.2％。

4. 栽培技术要点 适宜播期为 10 月 1—10 日,每亩适宜基本苗 15 万左右。注意防治条锈病。其他管理措施同一般大田。

5. 适宜范围 适宜在山东高肥水地块种植利用。

九、山农 32

1. 品种来源 由山东农业大学和淄博禾丰种业农业科学研究院以 6125 为母本,954(5)-4 为父本杂交选育而成。2016 年通过山东省审定(审定编号:鲁农审 2016001)。

2. 特征特性 半冬性,幼苗半直立。株型半紧凑,叶色浓绿,叶片窄短上挺,较抗倒伏,熟相好。两年区域试验结果平均:生育期与济麦 22 相当;株高 74.6 厘米,亩最大分蘖 107.4 万,亩有效穗 46.8 万,分蘖成穗率 43.6％;穗纺锤形,穗粒数 33.1 粒,千粒重 45.0 克,容重 796.5 克/升;长芒、白壳、白粒,籽粒饱满、半硬质。2015 年中国农业科学院植物保护研究所接种抗病鉴定结果:白粉病免疫,中感条锈病和纹枯病,高感叶锈病和赤霉病。越冬抗寒性好。2013 年、2014 年区域试验统一取样,经农业部谷物品质监督检验测试中心(泰安)品质分析:籽粒蛋白质含量 13.9％,湿面筋含量 35.9％,沉降值 33.1 毫升,吸水率 59.1％,稳定时间 3.9 分钟,面粉白度 74.9。

3. 产量表现 在 2012—2014 年山东省小麦品种高肥组区域试验中,两年平均亩产

601.87 千克，比对照品种济麦 22 增产 5.61%；2014—2015 年高肥组生产试验，平均亩产 596.33 千克，比对照品种济麦 22 增产 7.41%。

4. 栽培技术要点 适宜播期为 10 月 5—10 日，每亩适宜基本苗 12 万～15 万。注意防治病虫草害。其他管理措施同一般大田。

5. 适宜范围 适宜在山东高肥水地块种植利用。

十、烟农 999

1. 品种来源 由山东省烟台市农业科学研究院用烟航选 2 号/临 9511F1//烟 BLU14-15 杂交育成。2011 年通过山东省审定（审定编号：鲁农审 2011032），2016 年通过国家审定（审定编号：国审麦 2016012）。

2. 特征特性 半冬性，全生育期 227 天，比对照品种周麦 18 晚熟 1 天。幼苗匍匐，苗势较壮，叶片窄卷，叶色浓绿，冬季抗寒性较好。分蘖力较强，分蘖成穗率中等。春季起身拔节较慢，抽穗迟，耐倒春寒能力较好。后期根系活力较强，耐高温能力一般，熟相较好。株高 88 厘米，株型较紧凑，茎秆弹性中等、蜡质层厚，抗倒性一般。旗叶宽长，略披，穗层厚。穗长方形、细长，小穗密，长芒、白壳、白粒，籽粒角质、饱满度中等。亩穗数 40 万穗，穗粒数 33.8 粒，千粒重 44.2 克。抗病性鉴定：慢条锈病，中抗叶锈病，高感白粉病、赤霉病、纹枯病。品质检测：籽粒容重 812 克/升，蛋白质含量 14.88%，湿面筋含量 31.15%，沉降值 37.3 毫升，吸水率 56.4%，稳定时间 8.1 分钟，最大拉伸阻力 442 E.U.，延伸性 152 毫米，拉伸面积 91 厘米^2。

3. 产量表现 2008—2010 年参加山东省小麦品种高肥组区域试验，2008—2009 年平均亩产 558.78 千克，比对照品种济麦 19 增产 5.81%；2009—2010 年平均亩产 546.29 千克，比对照品种济麦 22 增产 7.32%。2010—2011 年高肥组生产试验，平均亩产 577.42 千克，比对照品种济麦 22 增产 2.85%。

2012—2013 年度参加黄淮冬麦区南片冬水组品种区域试验，平均亩产 476.8 千克，比对照品种周麦 18 增产 2.5%；2013—2014 年度续试，平均亩产 581.1 千克，比对照品种周麦 18 增产 3.6%。2014—2015 年度生产试验，平均亩产 552.3 千克，比对照品种周麦 18 增产 4.6%。

4. 栽培技术要点 适宜播种期为 10 月上中旬，每亩适宜基本苗 12 万～18 万。注意防治白粉病、纹枯病和赤霉病等病害。高水肥地块注意防倒伏。

5. 适宜范围 适宜在山东高肥水地块种植利用。适宜在黄淮冬麦区南片的河南驻马店及以北地区、安徽和江苏两省淮河以北地区、陕西关中地区高中水肥地块早中茬种植。

十一、济麦 70

1. 品种来源 由山东省农业科学院作物研究所用（161/W6039）与良星 66 杂交育成。2020 年通过山东省审定（审定编号：鲁审麦 20200005），2023 年通过天津市审定（审定编号：津审麦 20230003），并通过河北省引种备案。

2. 特征特性 半冬性，幼苗半匍匐，株型半紧凑，叶色浅绿，叶片上冲，抗倒性好，熟相好。两年区域试验结果平均：生育期 232 天，熟期与对照品种济麦 22 相当；株高

75.1厘米，亩最大分蘖110.8万，亩有效穗45.6万，分蘖成穗率42.0%；穗长方形，穗粒数34.1粒，千粒重44.7克，容重803.9克/升；长芒、白壳、白粒、籽粒硬质。2019年中国农业科学院植物保护研究所接种鉴定结果：慢条锈病，中感叶锈病、白粉病和纹枯病，高感赤霉病。越冬抗寒性好。2017—2019年区域试验统一取样，经农业农村部谷物品质监督检验测试中心（泰安）品质分析：籽粒蛋白质含量14.2%，湿面筋含量37.1%，沉降值31.0毫升，吸水率65.4%，稳定时间2.9分钟，面粉白度75.4。

3. 产量表现 在2017—2019年山东省小麦品种高产组区域试验中，两年平均亩产607.7千克，比对照品种济麦22增产4.3%；2019—2020年高产组生产试验，平均亩产586.9千克，比对照品种济麦22增产6.2%。

4. 栽培技术要点 适宜播期为10月10—20日，每亩适宜基本苗10万～12万。注意防治赤霉病。其他管理措施同一般大田。

5. 适宜范围 适宜在山东高肥水地块种植利用。

十二、鑫麦296

1. 品种来源 由山东鑫丰种业有限公司用935031/鲁麦23杂交育成。2014年通过国家审定（审定编号：国审麦2014011）。

2. 特征特性 半冬性晚熟品种，平均全生育期243天，与对照品种良星99相当。幼苗偏直立，冬季抗寒性较好。分蘖力中等偏弱，成穗率较高，亩穗数适中。不耐高温，落黄一般。株高78厘米，茎秆粗壮，弹性较好，抗倒性较好。株型较紧凑，旗叶较上冲，叶色较深，株间透光性好，穗层整齐。穗近长方形，小穗排列紧密，结实性好，长芒、白壳、白粒、角质。两年区域试验，平均亩穗数42.5万穗，穗粒数37.7粒，千粒重39.0克。抗寒性鉴定：抗寒性级别1～2级，抗寒性较好。抗病性鉴定：中抗条锈病和白粉病，高感叶锈病、赤霉病和纹枯病。品质混合样测定：籽粒容重792克/升，蛋白质（干基）含量14.9%，硬度指数68，湿面筋含量32.3%，沉降值40.9毫升，吸水率60%，稳定时间3.5分钟，最大拉伸阻力263E.U.，延伸性158毫米，拉伸面积60厘米^2。

3. 产量表现 2011—2012年度参加黄淮冬麦区北片水地组区域试验，平均亩产519.6千克，比对照品种良星99增产3.4%；2012—2013年度续试，平均亩产522.6千克，比对照品种良星99增产5.5%。2013—2014年度参加生产试验，平均亩产597.5千克，比对照品种良星99增产7.5%。

4. 栽培技术要点 10月上旬至10月中旬播种，每亩适宜基本苗15万～20万。拔节孕穗期每亩施尿素10千克。注意防治叶锈病、赤霉病和纹枯病。

5. 适宜范围 适宜在黄淮冬麦区北片的山东、河北中南部以及山西南部冬麦区高水肥地块种植。

十三、菏麦29

1. 品种来源 由菏泽市农业科学院用07P026与济麦19杂交后选育。2020年通过山东省审定（审定编号：鲁审麦20200001），2023年通过国家审定（审定编号：国审麦20230138）。

2. 特征特性 半冬性，全生育期 236.5 天，比对照品种济麦 22 熟期稍早，幼苗半匍匐，叶片宽，叶色深绿，分蘖力强。株高 83.0 厘米，株型较松散，抗倒性较好，整齐度一般，熟相好。穗长方形，长芒、白粒、籽粒硬质、饱满。亩穗数 44.8 万穗，穗粒数 35.1 粒，千粒重 45.3 克。抗病性鉴定：高感纹枯病、赤霉病、条锈病、叶锈病，中感白粉病，抗寒性较好。区试两年品质检测：籽粒容重 815 克/升、804 克/升，蛋白质含量 13.6%、12.7%，湿面筋含量 31.0%、28.2%，稳定时间 5.8 分钟、5.9 分钟，吸水率 59.0%、60.0%。

3. 产量表现 2019—2020 年度参加黄淮冬麦区北片水地组区域试验，平均亩产 583.5 千克，比对照品种济麦 22 增产 6.62%；2020—2021 年度续试，平均亩产 608.7 千克，比对照品种济麦 22 增产 8.42%。2021—2022 年度生产试验，平均亩产 652.1 千克，比对照品种济麦 22 增产 6.35%。

4. 栽培技术要点 适宜播期为 10 月 10—20 日，每亩适宜基本苗 16 万～20 万。注意防治叶锈病和纹枯病。其他管理措施同一般大田。

5. 适宜范围 适宜在山东全部、河北保定和沧州的南部及其以南地区、山西运城和临汾的盆地灌区种植。

十四、良星 68

1. 品种来源 由山东良星种业有限公司用良星 872/良星 99 杂交育成。2020 年通过国家审定（审定编号：国审麦 20200027）。

2. 特征特性 半冬性，全生育期 234.7 天，比对照品种济麦 22 熟期略早。幼苗半直立，叶片宽，叶色深绿，分蘖力较强。株高 78 厘米，株型紧凑，抗倒性中等，抗寒性较好。旗叶上举，穗层较整齐，熟相中等。穗近长方形，长芒、白壳、白粒，籽粒角质，饱满度较好。亩穗数 46.5 万穗，穗粒数 32.4 粒，千粒重 43.5 克。抗病性鉴定：慢条锈病，高抗叶锈病，高感白粉病，高感纹枯病和赤霉病。区试两年品质检测结果：籽粒容重 810 克/升、804 克/升，蛋白质含量 14.9%、15.1%，湿面筋含量 34.9%、36.3%，稳定时间 4.4 分钟、3.2 分钟，吸水率 60%、64%。

3. 产量表现 2016—2017 年度参加黄淮冬麦区北片水地组区域试验，平均亩产 596.1 千克，比对照品种济麦 22 增产 3.24%；2017—2018 年度续试，平均亩产 503.7 千克，比对照品种济麦 22 增产 3.28%。2018—2019 年度生产试验，平均亩产 602.2 千克，比对照品种济麦 22 增产 4.26%。

4. 栽培技术要点 适宜播种期为 10 月上中旬，每亩适宜基本苗 18 万～20 万。注意防治蚜虫、白粉病、赤霉病、纹枯病等病虫害。

5. 适宜范围 适宜在黄淮冬麦区北片的山东全部、河北保定和沧州的南部及其以南地区、山西运城和临汾的盆地灌区种植。

第二节　夏玉米优良品种

玉米是我国第一大粮食作物，产量约占全国粮食总产的 40%，在我国新增千亿斤粮食产能和主要作物大面积单产提升中承载着重要担当。2023 年国家实施新一轮千亿斤粮食产能提升行动,实施玉米单产提升工程。黄淮海地区主推密植提单产,通过合理密植、适度增密来达到增产稳产的目的。夏玉米在冬小麦-夏玉米周年"吨半粮"产能创建过程中产量占比更大、高产潜力更高,对于单产的提升和总产的贡献都起到了极大的作用。"好种多打粮",耐密植、抗性好、适应性广、增产潜力大的夏玉米品种对于"吨半粮"产能创建的贡献巨大,本节介绍的为稳产、综合性表现较好的普通夏玉米品种,对品种来源、特征特性、产量表现、栽培要点、适宜范围等作简要介绍,供读者了解参考。

一、登海 605

1. 品种来源 由山东登海种业股份有限公司选育而成,亲本组合为 DH351×DH382,母本 DH351 是以 DH158/107 为基础材料自交选育而成的,父本 DH382 是国外杂交种选系。2010 年通过国家审定(审定编号:国审玉 2010009),并先后通过山东、内蒙古、浙江、宁夏、甘肃等省份审定。

2. 特征特性 在黄淮海地区出苗至成熟 101 天,比对照品种郑单 958 晚 1 天,需有效积温 2 550 ℃左右。幼苗叶鞘紫色,叶片绿色,叶缘绿带紫色,花药黄绿色,颖壳浅紫色。株型紧凑,株高 259 厘米,穗位高 99 厘米,成株叶片数 19～20 片。花丝浅紫色,果穗长筒形,穗长 18 厘米,穗行数 16～18 行,穗轴红色,籽粒黄色、马齿型,百粒重 34.4 克。经河北省农林科学院植物保护研究所接种鉴定:高抗茎腐病,中抗玉米螟,感大斑病、小斑病、矮花叶病和弯孢叶斑病,高感瘤黑粉病、褐斑病和南方锈病。经农业农村部谷物品质监督检验测试中心(北京)测定,籽粒容重 766 克/升,粗蛋白含量 9.35%,粗脂肪含量 3.76%,粗淀粉含量 73.40%,赖氨酸含量 0.31%。

3. 产量表现 2008—2009 年参加黄淮海夏玉米品种区域试验,两年平均亩产 659.0 千克,比对照品种郑单 958 增产 5.3%;2009 年生产试验,平均亩产 614.9 千克,比对照品种郑单 958 增产 5.5%。

4. 栽培要点 在中等肥力以上地块栽培,适宜种植密度为 4 000～4 500 株/亩,注意防治瘤黑粉病,褐斑病、南方锈病重发区慎用。

5. 适宜范围 适宜在山东、河南、河北中南部、安徽北部、山西运城地区夏播种植。

二、郑单 958

1. 品种来源 由河南省农业科学院粮食作物研究所选育而成,亲本组合为郑 58×昌 7-2 杂交,父本为外引系昌 7-2(选)。2000 年通过国家审定(审定编号:国审玉 20000009),并先后通过河南、山东、河北、天津、辽宁等省份的审定。

2. 特征特性 中熟玉米杂交种,夏播生育期 96 天左右。幼苗叶鞘紫色,生长势一般,叶色淡绿,叶片上冲,穗上叶叶尖下披,株型紧凑,耐密性好。株高 246 厘米左右,穗位高 110 厘米左右,雄穗分枝中等,分枝与主轴夹角小。果穗筒形,有双穗现象,穗轴白色,果穗长 16.9 厘米,穗行数 14～16 行,行粒数 35 个左右。结实性好,秃尖轻。籽粒黄色,半马齿型,千粒重 307 克,出籽率 88%～90%。抗大斑病、小斑病和黑粉病,高抗矮花叶病(0 级),感茎腐病(25%),抗倒伏,较耐旱。籽粒粗蛋白质含量 9.33%,

粗脂肪含量 3.98%，粗淀粉含量 73.02%，赖氨酸含量 0.25%。

3. 产量表现 1998 年、1999 年参加国家黄淮海夏玉米组区试，两年产量均居第一位，其中 1998 年 23 个试点平均亩产 577.3 千克，比对照品种掖单 19 增产 28%，达极显著水平；1999 年 24 个试点，平均亩产 583.9 千克，比对照品种掖单 19 增产 15.5%，达极显著水平。1999 年在同组生产试验中平均亩产 587.1 千克，居首位，29 个试点中有 27 个试点增产 2 个试点减产，有 19 个试点位居第一位，在各省均比当地对照品种增产 7% 以上。

4. 栽培要点 5 月下旬麦垄点种或 6 月上旬麦收后足墒直播；一般肥力地适宜种植密度为 3 500 株/亩，中上等水肥地 4 000 株/亩、高水肥地 4 500 株/亩为宜；苗期发育较慢，注意增施磷钾肥提苗，重施拔节肥；大喇叭口期防治玉米螟。

5. 适宜范围 适宜在河北、山东、河南、安徽、江苏、山西、北京等地的夏玉米区和东北、西北等地种植。

三、农大 372

1. 品种来源 由宋同明选育而成，亲本组合为 X24621/BA702，2015 年通过国家审定（审定编号：国审玉 2015014），并先后通过河北省、天津市审定。

2. 特征特性 黄淮海夏玉米区出苗至成熟 103 天，与对照品种郑单 958 相当。幼苗叶鞘紫色，叶片绿色，叶缘浅紫色，花药浅紫色，颖壳浅紫色。株型半紧凑，株高 280 厘米，穗位高 105 厘米，成株叶片数 21 片。花丝绿色，果穗长筒形，穗长 21 厘米，穗行数 14～16 行，穗轴红色，籽粒黄色、半马齿型，百粒重 35.7 克。接种鉴定：抗镰孢茎腐病和大斑病，中抗小斑病和腐霉茎腐病，感弯孢叶斑病、茎腐病和穗腐病，高感瘤黑粉病和粗缩病。籽粒容重 764 克/升，粗蛋白含量 8.61%，粗脂肪含量 3.05%，粗淀粉含量 75.86%，赖氨酸含量 0.28%。

3. 产量表现 2013—2014 年参加黄淮海夏玉米品种区域试验，两年平均亩产 691.1 千克，比对照品种增产 6.1%。2014 年生产试验，平均亩产 689.3 千克，比对照品种郑单 958 增产 8.3%。2016 年河北省北部春播组区域试验，平均亩产 777.6 千克；2017 年同组区域试验，平均亩产 763.4 千克。2018 年生产试验，平均亩产 719.2 千克。

4. 栽培要点 中上等肥力地块种植，6 月上中旬播种，适宜种植密度为 4 500～5 000 株/亩；亩施农家肥 2 000～3 000 千克或三元复合肥 30 千克做基肥，大喇叭口期亩追施尿素 30 千克。

5. 适宜范围 适宜在山东、河北保定及以南地区、山西南部、河南、安徽淮河以北地区、陕西关中灌区等地夏播种植。

四、登海 685

1. 品种来源 由山东登海种业股份有限公司选育而成，亲本组合为 DH382×DH357-14。2015 年通过国家审定（审定编号：国审玉 2015011）。

2. 特征特性 黄淮海夏玉米区出苗至成熟 104 天，比郑单 958 晚熟 1 天。幼苗叶鞘紫色，叶片绿色，叶缘绿色，花药绿色，颖壳浅紫色。株型紧凑，株高 265 厘米，穗位高

97 厘米，成株叶片数 18～19 片。花丝浅紫色，果穗筒形，穗长 19 厘米，穗行数 14～16 行，穗轴紫色，籽粒黄色、马齿型，百粒重 30.8 克。接种鉴定：中抗小斑病，感茎腐病和穗腐病，高感弯孢叶斑病、瘤黑粉病和粗缩病。籽粒容重 729 克/升，粗蛋白含量 9.42%，粗脂肪含量 3.76%，粗淀粉含量 73.7%，赖氨酸含量 0.30%。

3. 产量表现 2013—2014 年参加黄淮海夏玉米品种区域试验，两年平均亩产 674.6 千克，比对照品种增产 3.7%；2014 年生产试验，平均亩产 668.2 千克，比对照品种郑单 958 增产 4.7%。

4. 栽培要点 中等肥力以上地块栽培，6 月上中旬播种，适宜种植密度为 4 500 株/亩。注意防治叶斑病和粗缩病。

5. 适宜范围 适宜在山东、北京、天津、河北保定及以南地区、山西南部、河南、安徽淮河以北地区、陕西关中灌区等地夏播种植。

五、MY73

1. 品种来源 由河南省豫玉种业股份有限公司和河南省彭创农业科技有限公司选育而成，亲本组合为 T1932×T856。2020 年通过国家审定（审定编号：国审玉 20206190）。

2. 特征特性 黄淮海夏玉米组出苗至成熟 101 天，比对照品种郑单 958 早熟 1.3 天。幼苗叶鞘紫色，花药绿色，株型紧凑，株高 238 厘米，穗位高 94 厘米，成株叶片数 20 片。果穗筒形，穗长 16.6 厘米，穗行数 16～18 行，穗粗 4.8 厘米，穗轴白色，籽粒黄色、硬粒，百粒重 32.5 克。接种鉴定：抗茎腐病，中抗小斑病、弯孢叶斑病、瘤黑粉病、南方锈病，感穗腐病。籽粒容重 798 克/升，粗蛋白含量 10.57%，粗脂肪含量 4.08%，粗淀粉含量 72.14%，赖氨酸含量 0.33%。

3. 产量表现 2018—2019 年参加黄淮海夏玉米组绿色通道区域试验，两年平均亩产 678.4 千克，比对照品种郑单 958 增产 8.97%；2019 年生产试验，平均亩产 695.5 千克，比对照品种郑单 958 增产 8.59%。

4. 栽培要点 中等肥力以上地块栽培，5 月下旬至 6 月中旬播种，一般肥力地适宜种植密度为 4 500～5 000 株/亩，高水肥地适宜种植密度为 5 000～5 500 株/亩。

5. 适宜范围 适宜在黄淮海夏玉米区的河南、山东、河北保定和沧州的南部及以南地区、陕西关中灌区、山西运城和临汾及晋城部分平川地区、江苏和安徽两省淮河以北地区、湖北襄阳地区种植。

六、联创 808

1. 品种来源 由北京联创种业股份有限公司选育而成，亲本组合为 CT3566×CT3354。2015 年通过黄淮海夏玉米区国家审定（审定编号：国审玉 2015015），并通过陕西省审定和东北中熟春玉米区国家审定。

2. 特征特性 黄淮海夏玉米区出苗至成熟 102 天，比郑单 958 早熟 1 天。幼苗叶鞘紫色，叶片绿色，叶缘绿色，花药浅紫色，颖壳绿色。株型半紧凑，株高 285 厘米，穗位高 102 厘米，成株叶片数 19～20 片。花丝浅绿色，果穗筒形，穗长 18.3 厘米，穗行数 14～16 行，穗轴红色，籽粒黄色、半马齿型，百粒重 32.9 克。接种鉴定：中抗大斑病，感小斑病和茎腐病，高感弯孢叶斑病、瘤黑粉病和粗缩病。籽粒容重 765 克/升，粗蛋白含量 9.65%，粗脂肪含量 3.06%，粗淀粉含量 74.46%，赖氨酸含量 0.29%。

3. 产量表现　2013—2014 年参加黄淮海夏玉米品种区域试验，两年平均亩产 695.8 千克，比对照品种增产 5.6%；2014 年生产试验，平均亩产 687.0 千克，比对照品种郑单 958 增产 7.8%。

4. 栽培要点　中等肥力以上地块栽培，5 月下旬至 6 月中旬播种，适宜种植密度为 4 000 株/亩左右。注意防治粗缩病、弯孢叶斑病、瘤黑粉病、茎腐病和玉米螟。

5. 适宜范围　适宜山东、北京、天津、河北保定及以南地区、山西南部、河南、江苏和安徽两省淮河以北地区、陕西关中灌区夏播种植。

七、中天 308

1. 品种来源　由山东中农天泰种业有限公司选育而成，亲本组合为 H339A×372F，2020 年通过国家审定（审定编号：国审玉 20206192）。

2. 特征特性　黄淮海夏玉米组出苗至成熟 102.2 天，比对照品种郑单 958 早熟 0.7 天。幼苗叶鞘紫色，叶片绿色，叶缘绿色，花药紫色，颖壳浅紫色。株型半紧凑，株高 243 厘米，穗位高 99 厘米，成株叶片数 19 片。果穗筒形，穗长 17.6 厘米，穗行数 14~16 行，穗粗 5 厘米，穗轴粉红色，籽粒黄色、半马齿，百粒重 32.3 克。接种鉴定：中抗小斑病，感茎腐病、穗腐病、弯孢叶斑病、瘤黑粉病。籽粒容重 774 克/升，粗蛋白含量 11.92%，粗脂肪含量 4.21%，粗淀粉含量 71.10%，赖氨酸含量 0.31%。

3. 产量表现　2018—2019 年参加黄淮海夏玉米组绿色通道区域试验，两年平均亩产 641.9 千克，比对照品种郑单 958 增产 4.92%；2019 年生产试验，平均亩产 669.2 千克，比对照品种郑单 958 增产 4.97%。

4. 栽培要点　适宜在黄淮海中上等肥水条件地块栽培，6 月上中旬播种。适宜种植密度为 5 000 株/亩。田间管理主要是苗期防治地下害虫，大喇叭口期防治玉米螟，施足基肥，重施攻秆孕穗肥，加强肥水管理。其他管理措施同一般大田。

5. 适宜范围　适宜在黄淮海夏玉米区的河南、山东、河北保定和沧州的南部及以南地区、陕西关中灌区、山西运城和临汾及晋城部分平川山区、江苏和安徽两省淮河以北地区、湖北襄阳地区种植。

八、沃玉 3 号

1. 品种来源　由河北沃土种业股份有限公司选育而成，亲本组合为 M51×VK22-4。2018 年通过黄淮海夏玉米区国家审定（审定编号：国审玉 20180291），并先后通过山西省、安徽省审定。

2. 特征特性　黄淮海夏玉米组出苗至成熟 101.7 天，比对照品种郑单 958 晚熟 0.5 天。幼苗叶鞘紫色，叶片深绿色，叶缘紫色，花药紫色，颖壳浅紫色。株型紧凑，株高 276 厘米，穗位高 103 厘米，成株叶片数 20 片。果穗筒形，穗长 17.9 厘米，穗行数 16~18 行，穗粗 5.3 厘米，穗轴红色，籽粒黄色、马齿型，百粒重 35.2 克。接种鉴定：中抗茎腐病、小斑病、粗缩病，感穗腐病、弯孢叶斑病，高感瘤黑粉病、南方锈病。品质分析：籽粒容重 734 克/升，粗蛋白含量 10.55%，粗脂肪含量 4.36%，粗淀粉含量 73.19%，赖氨酸含量 0.30%。

3. 产量表现 2016—2017 年参加黄淮海夏玉米组区域试验，两年平均亩产 681.2 千克，比对照品种郑单 958 增产 7.3%；2017 年生产试验，平均亩产 655.1 千克，比对照品种郑单 958 增产 5.35%。

4. 栽培要点 夏播适宜种植密度一般 4 000～4 500 株/亩为宜，水肥条件好的地块适当增加密度到 5 000 株/亩，一般不宜超过 5 000 株。播种期宜在 6 月 10 日以前，可露地平播或贴茬直播。在水肥管理上，重施基肥，氮、磷、钾配合施肥，中后期应适时追肥浇水。苗期及时防治棉铃虫、二点委夜蛾。适时晚收，玉米籽粒出现黑层或乳线消失时及时收获，以发挥该品种的增产潜力。注意防治粗缩病、瘤黑粉病和穗腐病等病害。

5. 适宜范围 适宜在黄淮海夏玉米区的河南、山东、河北保定和沧州的南部及以南地区、陕西关中灌区、山西运城和临汾及晋城部分平川地区、江苏和安徽两省淮河以北地区、湖北襄阳种植。

九、莱科 868

1. 品种来源 由莱州市西由种业有限公司选育而成，亲本组合为 XY3569×XY7179，一代杂交种。母本 XY3569 是以先玉 696 为基础材料自交选育而成的；父本 XY7179 是以 P 群/昌 7‑2 为基础材料自交选育而成的。2020 年通过山东省审定（审定编号：鲁审玉 20206027）。

2. 特征特性 株型紧凑，夏播生育期 102 天，比对照品种郑单 958 早熟 4 天，全株叶片 19～20 片，幼苗叶鞘紫色，花丝浅紫色，花药浅紫色，雄穗分枝 7～8 个。区域试验结果：株高 256.9 厘米，穗位 89.0 厘米，倒伏率 2.8%、倒折率 0.1%。果穗筒形，穗长 17.8 厘米，穗粗 4.9 厘米，秃顶 1.1 厘米，穗行数平均 15.9 行，穗粒数 540.5 粒，红轴，黄粒、半马齿型，出籽率 85.9%，千粒重 345.5 克，容重 753.7 克/升。2019 年经山东农业大学植物保护学院抗病性接种鉴定：高抗瘤黑粉病，抗弯孢叶斑病、南方锈病，中抗穗腐病、小斑病，感粗缩病、茎腐病。2019 年经农业农村部农产品质量监督检验测试中心（郑州）品质分析：粗蛋白含量 10.10%，粗脂肪含量 3.80%，赖氨酸含量 0.32%，粗淀粉含量 73.03%。

3. 产量表现 2018 年参加山东华润玉米联合体夏玉米品种普通组（4 500 株/亩）区域试验，平均亩产 677.7 千克，比对照品种郑单 958 增产 5.6%；2019 年参加山东华润玉米联合体夏玉米品种普通组（4 500 株/亩）区域试验，平均亩产 675.3 千克，比对照品种郑单 958 增产 5.2%；2019 年生产试验平均亩产 678.3 千克，比对照品种郑单 958 增产 5.7%。

4. 栽培要点 适宜种植密度为 4 500 株/亩左右，其他管理措施同一般大田。

5. 适宜范围 山东适宜地区夏玉米品种种植利用。

十、中科玉 505

1. 品种来源 由北京联创种业有限公司和河南隆平联创农业科技有限公司杂交选育

而成，亲本组合为 CT1668×CT3354，母本 CT1668 是以 CT01/国外系 A//国外系 A 为基础材料自交选育而成的，父本 CT3354 是以 CT019/国外系 B//国外系 B 为基础材料自交选育而成的。2016 年通过山东省审定（审定编号：鲁审玉 20160011），并先后通过陕西、河南、安徽、河北等省审定以及东北中熟春玉米区国家审定、黄淮海夏播青贮玉米国家审定。

2. 特征特性 株型半紧凑，夏播生育期 109 天，与郑单 958 相当，全株叶片 20～21 片，幼苗叶鞘浅紫色，叶片深绿色，花丝紫色，花药浅紫色，雄穗分枝 3～7 个。区域试验结果：株高 271.1 厘米，穗位高 96.4 厘米，倒伏率 1.0%、倒折率 0.5%。果穗筒形，穗长 17.7 厘米，穗粗 4.6 厘米，秃顶 0.8 厘米，穗行数平均 15.1 行，穗粒数 552.0 粒，红轴、黄粒、马齿型，出籽率 87.4%，千粒重 336.9 克，容重 739.2 克/升。2014 年经河北省农林科学院植物保护研究所抗病性接种鉴定：抗小斑病，中抗大斑病，高抗弯孢叶斑病，感茎腐病和矮花叶病，高感瘤黑粉病、褐斑病。2013—2014 年试验中茎腐病最重发病试点病株率 85.3%。2014 年经农业部谷物品质监督检验测试中心（泰安）品质分析：粗蛋白含量 11.02%，粗脂肪含量 3.40%，粗淀粉含量 72.15%，赖氨酸含量 0.27%。

3. 产量表现 2013—2014 年参加山东省夏玉米品种普通组（4 500 株/亩）区域试验，两年平均亩产 701.3 千克，比对照品种郑单 958 增产 5.2%，21 处试点 19 点增产 2 点减产；2015 年生产试验平均亩产 699.0 千克，比对照品种郑单 958 增产 4.4%。

4. 栽培要点 适宜种植密度为 4 000～4 500 株/亩。瘤黑粉病、褐斑病高发区慎用。其他管理措施同一般大田。

5. 适宜范围 在山东适宜地区作为夏玉米品种种植利用。

十一、裕丰 303

1. 品种来源 由北京联创种业有限公司、河南隆平联创农业科技有限公司杂交选育而成（2020 年审定新增），亲本组合为 CT1669×CT3354。2015 年通过黄淮海夏玉米区国家审定（审定编号：国审玉 2015010），并先后通过陕西、湖北、安徽等省审定和西北春玉米区国家审定。

2. 特征特性 黄淮海夏玉米区出苗至成熟 102 天，与郑单 958 相当。株高 270 厘米，穗位高 97 厘米，成株叶片数 20 片，穗长 17 厘米，穗行数 14～16 行，百粒重 33.9 克。接种鉴定：中抗弯孢叶斑病，感小斑病、大斑病、茎腐病，高感瘤黑粉病、粗缩病和穗腐病。籽粒容重 778 克/升，粗蛋白含量 10.45%，粗脂肪含量 3.12%，粗淀粉含量 72.70%，赖氨酸含量 0.32%。

3. 产量表现 2013—2014 年参加黄淮海夏玉米品种区域试验，两年平均亩产 684.6 千克，比对照品种增产 4.7%；2014 年生产试验，平均亩产 672.7 千克，比对照品种郑单 958 增产 5.6%。

4. 栽培要点 中上等肥力地块种植，适宜种植密度为 3 800～4 200 株/亩。注意防治粗缩病和穗腐病，瘤黑粉病高发区慎用。

5. 适宜范围 适宜山东、北京、天津、河北保定及以南地区、山西南部、河南、江苏和安徽两省淮河以北地区、陕西关中灌区夏播种植。

十二、裕丰 620

1. 品种来源 由承德裕丰种业有限公司选育而成,亲本组合为 CX313×CX234。2019 年通过黄淮海夏玉米区国家审定(审定编号:国审玉 20190299),2020 年通过京津冀早熟夏玉米区国家审定(审定编号:国审玉 20206143)。

2. 特征特性 黄淮海夏玉米组出苗至成熟 101 天,与对照品种郑单 958 生育期相当。幼苗叶鞘紫色,叶片绿色,叶缘紫色,花药浅紫色,颖壳绿色。株型紧凑,株高 254 厘米,穗位高 92 厘米,成株叶片数 19 片。果穗筒形,穗长 18.2 厘米,穗行数 14~16 行,穗粗 4.6 厘米,穗轴红色,籽粒黄色、半马齿,百粒重 34.1 克。接种鉴定:中抗穗腐病,感茎腐病、小斑病、弯孢叶斑病、瘤黑粉病、南方锈病。品质分析:籽粒容重 760 克/升,粗蛋白含量 9.56%,粗脂肪含量 3.76%,粗淀粉含量 73.06%,赖氨酸含量 0.29%。

3. 产量表现 2017—2018 年参加黄淮海夏玉米组联合体区域试验,两年平均亩产 650.34 千克,比对照品种郑单 958 增产 6.13%;2018 年生产试验,平均亩产 617.9 千克,比对照品种郑单 958 增产 7.6%。

4. 栽培要点 适宜中等以上肥力地块种植,适宜播期为 6 月上中旬,适宜种植密度为 4 000~4 500 株/亩。注意防治小斑病、弯孢叶斑病和南方锈病。

5. 适宜范围 适宜在黄淮海夏玉米区的河南、山东、河北保定和沧州的南部及以南地区、陕西关中灌区、山西运城和临汾及晋城部分平川地区、江苏和安徽两省淮河以北地区、湖北襄阳等地种植。

十三、东单 1331

1. 品种来源 由辽宁东亚种业有限公司选育而成,亲本组合为 XC2327×XB1621。2019 年通过黄淮海夏玉米区国家审定(审定编号:国审玉 20196034),并先后通过了东华北春玉米区、东华北中晚熟春玉米区、西北春玉米区、西南春玉米(中高海拔)区国家审定,通过了四川省、安徽省、浙江省审定。

2. 特征特性 黄淮海夏玉米组出苗至成熟 102.0 天,与对照品种郑单 958 熟期相同。幼苗叶鞘紫色,叶片绿色,叶缘紫色,花药浅紫色,颖壳绿色。株型半紧凑,株高 250 厘米,穗位高 94 厘米,成株叶片数 19 片。果穗锥形,平均穗长 22 厘米、穗粗 5 厘米,穗行数 18 行,穗轴红色,籽粒黄色、半马齿,百粒重 35.4 克。接种鉴定:中抗茎腐病,感穗腐病、小斑病,高感弯孢叶斑病、粗缩病、瘤黑粉病、南方锈病。籽粒容重 776 克/升,粗蛋白含量 10.57%,粗脂肪含量 3.83%,粗淀粉含量 74.62%,赖氨酸含量 0.34%。

3. 产量表现 2016—2017 年参加黄淮海夏玉米组区域试验,两年平均亩产 674.8 千克,比对照品种郑单 958 增产 8.7%;2017 年生产试验,平均亩产 652.1 千克,比对照品种郑单 958 增产 6.6%。

4. 栽培要点 6 月上中旬播种,适宜种植密度为 4 500 株/亩。田间管理上前期以促为主,在喇叭口期要追 12~20 千克/亩尿素为攻穗肥,灌浆期酌情追施 5~10 千克/亩尿素为攻粒肥。大喇叭口期要灌心防治玉米螟。注意防治弯孢叶斑病、粗缩病、瘤黑粉病和南方锈病。

5. 适宜范围 适宜在河南、山东、河北保定和沧州的南部及以南地区、陕西关中灌区、山西运城和临汾及晋城部分平川地区、江苏和安徽两省淮河以北地区、湖北襄阳等地夏播种植。

十四、京科999

1. 品种来源 由北京市农林科学院玉米研究中心和河南省现代种业有限公司共同选育而成，亲本组合为京1110×京J2418。2020年通过国家审定（审定编号：国审玉20200323）。

2. 特征特性 黄淮海夏玉米组出苗至成熟102天，比对照品种郑单958早熟1.2天。幼苗叶鞘紫色，花药浅紫色，株型紧凑，株高269.8厘米，穗位高94厘米，成株叶片数19片。果穗筒形，穗长17.8厘米，穗行数14～18行，穗轴红色，籽粒黄色、半马齿，百粒重33.1克。接种鉴定：中抗茎腐病、小斑病，感穗腐病、瘤黑粉病，高感弯孢叶斑病。籽粒容重740克/升，粗蛋白含量8.31%，粗脂肪含量3.90%，粗淀粉含量75.60%，赖氨酸含量0.26%。

3. 产量表现 2018—2019年参加黄淮海夏玉米组联合体区域试验，两年平均亩产665.4千克，比对照品种郑单958增产6.57%；2019年生产试验，平均亩产693.9千克，比对照品种郑单958增产8.1%。

4. 栽培要点 适宜播种期6月中下旬，适宜种植密度为4 500～5 000株/亩，中等肥力以上地块栽培，注意预防弯孢叶斑病等病害及植株倒伏倒折。

5. 适宜范围 适宜在黄淮海夏玉米区的河南、山东、河北保定和沧州的南部及以南地区、陕西关中灌区、山西运城和临汾及晋城部分平川地区、江苏和安徽两省淮河以北地区、湖北襄阳种植。

十五、鑫瑞25

1. 品种来源 由济南鑫瑞种业科技有限公司和北京市农林科学院玉米研究中心共同选育而成，亲本组合为T12-4×T6，一代杂交种。母本T12-4是国外杂交种X1132X/郑58的选系，父本T6是国外兰卡种质/昌7-2的选系。2020年通过国家审定（审定编号：国审玉20200265），先后通过山东省审定和天津市审定。

2. 特征特性 黄淮海夏玉米组出苗至成熟99.5天，比对照品种郑单958早熟3天。幼苗叶鞘紫色，叶片绿色，花药浅紫色，株型紧凑，株高261厘米，穗位高100厘米，成株叶片数18.5片。果穗长筒形，穗长16.9厘米，穗行数14～16行，穗粗4.7厘米，穗轴红色，籽粒黄色、半马齿，百粒重36.1克。适收期籽粒含水量26.5%，适收期籽粒含水量（≤28点次比例）70.0%，适收期籽粒含水量（≤30点次比例）80.0%，抗倒性（倒伏倒折率之和≤5.0%）达标点比例100%，籽粒破碎率为5.4%。接种鉴定：中抗茎腐病，感小斑病、弯孢叶斑病、瘤黑粉病，高感穗腐病、粗缩病、南方锈病。籽粒容重730克/升，粗蛋白含量11.34%，粗脂肪含量4.38%，粗淀粉含量71.69%，赖氨酸含量0.32%。

3. 产量表现 2016—2017年参加黄淮海夏玉米组区域试验，两年平均亩产670.6千克，比对照品种郑单 958 增产 3.70%；2017 年生产试验，平均亩产 627.6 千克，比对照品种郑单 958 增产 3.44%。

4. 栽培要点 6 月中上旬播种。建议适期早播。中等肥力地块，适宜种植密度为 4 500~5 000 株/亩。注意防治小斑病、弯孢叶斑病、瘤黑粉病、粗缩病、穗腐病和南方锈病。

5. 适宜范围 适宜在黄淮海夏玉米区的河南、山东、河北中南部地区、陕西关中灌区、山西运城和临汾及晋城部分平川地区、江苏和安徽两省淮河以北地区、湖北襄阳，京津唐地区作为籽粒机收品种种植。

十六、登海 187

1. 品种来源 由山东登海种业股份有限公司选育而成，亲本组合为 M54×登海 61，2017 年通过国家审定（审定编号：国审玉 20176067）。

2. 特征特性 黄淮海夏玉米区出苗至成熟 101 天左右，比郑单 958 早 2 天。幼苗叶鞘紫色，叶片深绿色，叶缘绿色，花药浅紫色，颖壳绿色。株型紧凑，株高 244 厘米，穗位高 87 厘米，成株叶片数 20 片。花丝绿色，果穗柱形，穗长 17.3 厘米，穗行数平均16.0 行，穗轴红色，籽粒黄色、马齿型，百粒重 31.0。接种鉴定：中抗小斑病、弯孢叶斑病，感茎腐病，高感穗腐病、瘤黑粉病和粗缩病。籽粒容重 778 克/升，粗蛋白含量12.12%，粗脂肪含量 4.13%，粗淀粉含量 71.02%，赖氨酸含量 0.35%。

3. 产量表现 2014—2015 年参加黄淮海夏玉米品种区域试验，两年平均亩产 735.8 千克，比对照品种增产 8.9%；2016 年生产试验，平均亩产 686.4 千克，比对照品种郑单958 增产 6.7%。

4. 栽培要点 中等肥力以上地块栽培，6 月上旬至中旬播种，适宜种植密度为 4 500~5 000 株/亩。注意防治瘤黑粉病和粗缩病。

5. 适宜范围 适宜在山东、北京、天津、河北保定及以南地区、山西南部、河南、安徽淮河以北地区、陕西关中灌区等黄淮海夏玉米区种植。

十七、MC812

1. 品种来源 由北京市农林科学院玉米研究中心选育而成，亲本组合为京 B547×京2416。2019 年通过黄淮海夏玉米区国家审定（审定编号：国审玉 20190284），先后通过北京市审定和东华北中熟春玉米区国家审定。

2. 特征特性 黄淮海夏玉米组出苗至成熟 102 天，比对照品种郑单 958 早熟 2 天。幼苗叶鞘紫色，叶片绿色，花药紫色，株型紧凑，株高 260 厘米，穗位高 97 厘米，成株叶片数 19 片。果穗筒形，穗长 16.9 厘米，穗行数 14~16 行，穗粗 5.2 厘米，穗轴红色，籽粒黄色、半马齿，百粒重 35.5 克。接种鉴定：中抗小斑病，感茎腐病、弯孢叶斑病，高感穗腐病、瘤黑粉病、南方锈病。品质分析：籽粒容重 766 克/升，粗蛋白含量9.60%，粗脂肪含量 4.40%，粗淀粉含量 72.59%，赖氨酸含量 0.31%。

3. 产量表现 2017—2018 年参加黄淮海夏玉米组联合体区域试验，两年平均亩产643.5 千克，比对照品种郑单 958 增产 5.6%；2018 年生产试验，平均亩产 600.4 千克，比对照品种郑单958增产1.1%。

4. 栽培要点 中等肥力以上地块种植，5月下旬至6月中旬播种，适宜种植密度为4 500～5 000株/亩。注意防治瘤黑粉病、南方锈病和穗腐病。

5. 适宜范围 适宜在黄淮海夏玉米区的河南、山东、河北保定和沧州的南部及以南地区、陕西关中灌区、山西运城和临汾及晋城部分平川地区、江苏和安徽两省淮河以北地区、湖北襄阳等地种植。

十八、NK815

1. 品种来源 由北京市农林科学院玉米研究中心选育而成，亲本组合为京B547×C1120。2020年通过国家审定（审定编号：国审玉20200155）。

2. 特征特性 黄淮海夏玉米组出苗至成熟102天，比对照品种郑单958早熟1天。幼苗叶鞘紫色，叶片绿色，花药紫色，株型紧凑，株高267厘米，穗位高93厘米，成株叶片数19片。果穗筒形，穗长17.2厘米，穗行数16～18行，穗粗5.2厘米，穗轴红色，籽粒黄色、半马齿，百粒重35.3克。接种鉴定：感茎腐病、穗腐病、小斑病、弯孢叶斑病、瘤黑粉病，中抗南方锈病。籽粒容重756克/升，粗蛋白含量9.90%，粗脂肪含量4.10%，粗淀粉含量74.64%，赖氨酸含量0.29%。

3. 产量表现 2018—2019年参加黄淮海夏玉米组联合体区域试验，两年平均亩产647.2千克，比对照品种郑单958增产3.2%；2019年生产试验，平均亩产661.7千克，比对照品种郑单958增产2.4%。

4. 栽培要点 中等肥力以上地块种植，6月上中旬播种，适宜种植密度为4 500～5 000株/亩。

5. 适宜范围 黄淮海夏玉米区河南、山东、河北保定和沧州南部及其以南地区、陕西关中灌区、山西运城和临汾及晋城部分平川地区、江苏和安徽两省淮河以北地区、湖北襄阳等地种植。

十九、乐农87

1. 品种来源 由河南金博士种业股份有限公司选育而成，亲本组合为W287×W45。2019年通过国家审定（审定编号：国审玉20196181）。

2. 特征特性 黄淮海夏玉米组出苗至成熟102天，比对照品种郑单958早熟2天。幼苗叶鞘浅紫色，叶片深绿色，叶缘白色，花药浅紫色，颖壳浅紫色。株型紧凑，株高246厘米，穗位高101厘米，成株叶片数20片。果穗筒形，穗长18.2厘米，穗行数16～18行，穗粗4.8厘米，穗轴红色，籽粒黄色、半马齿，百粒重35.3克。接种鉴定：中抗茎腐病，感小斑病、南方锈病，高感穗腐病、弯孢叶斑病、瘤黑粉病。品质分析：籽粒容重774克/升，粗蛋白含量9.89%，粗脂肪含量4.60%，粗淀粉含量75.95%，赖氨酸含量0.27%。

3. 产量表现 2017—2018年参加黄淮海夏玉米组绿色通道区域试验，两年平均亩产672.7千克，比对照品种郑单958增产4.3%；2018年生产试验，平均亩产583.8千克，比对照品种郑单958增产4.0%。

4. 栽培要点 适宜中等以上肥力地块种植，5月25日至6月15日播种，适宜种植密度为4 000～4 500株/亩。注意防治穗腐病、弯孢叶斑病、瘤黑粉病。

5. 适宜范围 适宜在黄淮海夏玉米区的河南、山东，河北保定和沧州的南部及以南地区，陕西关中灌区，山西运城和临汾及晋城部分平川地区，江苏和安徽两省淮河以北地区，湖北襄阳等地种植。

二十、天泰716

1. 品种来源 由山东中农天泰种业有限公司选育而成，亲本组合为SM044×TS02。2021年通过国家审定（审定编号：国审玉20216168）。

2. 特征特性 黄淮海夏玉米组出苗至成熟103.1天，比对照品种郑单958早熟0.9天。幼苗叶鞘紫色，叶片绿色，叶缘绿色，花药绿色，颖壳浅紫色。株型紧凑，株高249厘米，穗位高95厘米，成株叶片数19片。果穗筒形，穗长18.5厘米，穗行数16～18行，穗粗4.9厘米，穗轴红色，籽粒黄色、半硬粒，百粒重32.3克。接种鉴定：感茎腐病、穗腐病，中抗小斑病，高感弯孢叶斑病、瘤黑粉病。籽粒容重784克/升，粗蛋白含量9.90%，粗脂肪含量4.35%，粗淀粉含量71.15%，赖氨酸含量0.33%。

3. 产量表现 2019—2020年参加黄淮海夏玉米组绿色通道区域试验，两年平均亩产699.5千克，比对照品种郑单958增产8.5%；2020年生产试验，平均亩产695.5千克，比对照品种郑单958增产7.4%。

4. 栽培要点 适宜在中上等肥水条件地块栽培，6月上中旬播种，适宜种植密度为5 000株/亩。田间管理主要是苗期防治地下害虫，大喇叭口期防治玉米螟，施足基肥，重施攻秆孕穗肥，加强肥水管理。注意防治弯孢叶斑病、瘤黑粉病。其他管理措施同一般大田。

5. 适宜范围 适宜在河南、山东、河北保定和沧州的南部及以南地区、陕西关中灌区、山西运城和临汾及晋城部分平川山区、江苏和安徽两省淮河以北地区、湖北襄阳夏播种植。

二十一、鲁单608

1. 品种来源 由山东省农业科学院玉米研究所和安徽丰大种业股份有限公司选育而成，亲本组合为W1568×L4517。2021年通过国家审定（审定编号：国审玉20210061）。

2. 特征特性 黄淮海夏玉米机收组出苗至成熟101.5天，比对照品种郑单958早熟3.5天。花药浅紫色，颖壳绿色。株型紧凑/半紧凑，株高239.5厘米，穗位高96.5厘米，成株叶片数19片。果穗圆筒形，穗长18～21厘米，穗行数16～18行，穗粗5.0厘米，穗轴红色，籽粒黄色、半马齿，适收期籽粒含水量26.3%，适收期籽粒含水量（≤28点次比例）73.9%，适收期籽粒含水量（≤30点次比例）90%，抗倒性（倒伏倒折率之和≤5.0%）达标点比例85%，籽粒破碎率为4.7%。接种鉴定：感/中抗茎腐病，高感/感穗腐病，中抗小斑病，感/中抗弯孢叶斑病，感/高感瘤黑粉病。籽粒容重767克/升，粗蛋白含量10.69%，粗脂肪含量4.46%，粗淀粉含量74.70%，赖氨酸含量0.33%。

3. 产量表现 2018—2019年参加黄淮海夏玉米机收组区域试验，两年平均亩产

598.3 千克，比对照品种郑单 958 增产 10.02%；2019 年生产试验，平均亩产 641.5 千克，比对照品种郑单 958 增产 5.7%。

4. 栽培要点 中等肥力以上地块栽培，5 月下旬至 6 月上中旬播种，适宜种植密度为 5 000 株/亩。成熟后适合籽粒收获。种肥采用氮磷钾配方施肥，亩施种肥 15 千克，追肥施用尿素 30 千克/亩，大喇叭口期及时浇水，防治玉米螟。

5. 适宜范围 适宜在河南、山东、河北保定和沧州的南部及以南地区、陕西关中灌区、山西运城和临汾及晋城部分平川地区、安徽淮河以北地区种植，也适宜在京津冀早熟夏玉米类型区，包括河北唐山、廊坊、沧州北部、保定北部夏播区，以及北京等夏播区种植。

第四章 "吨半粮"产能创建重点农机装备

目前，德州市小麦、玉米耕种收综合机械化率超过99.5%，已基本实现全程机械化生产。大量农机化新技术、新机具的推广应用，能够减轻劳动强度、提高作业质量和作业效率，降低生产成本，粮食连续丰产的背后各种农机设备发挥了重要作用。除传统的耕种收机械外，节水灌溉设备、农用无人机的广泛应用、智能农机装备的发展都推动了粮食生产的集约化、规模化、标准化、智能化发展。本章综合考虑"吨半粮"产能建设中全程机械化生产环节、农机装备作业质量以及作业效率等因素，分别介绍耕整地机械、高性能播种施肥机械、高效植保机械、节水灌溉机械、减损收获机械、谷物（粮食）干燥机、智能农机装备和大中型拖拉机。

第一节 耕整地机械

机械化耕整地主要是利用农机装备对农田土壤进行翻耕和平整的过程，能够有效保证耕作层土壤的细碎、平整、开沟、镇压、起垄等农艺要求，主要包括秸秆还田、灭茬、深松深耕、旋耕、平地、筑埂等机械化作业。常见的耕整地机械有铧式犁、耙、旋耕机、秸秆还田机、深松机、联合整地机等。耕整地机械的更新换代和提升方向是：大型深翻耕（松）机械，多功能（复合作业）联合整地机。

（一）秸秆精细还田机械

例1：圣和1JQ-200高箱秸秆切碎还田机（图4-1）

该机加大了变速箱齿轮的模数，提高了变速箱的速比。加强了机身整体的强度，壳体内增加了过度衬板，减慢了壳体内黏土的速度。采用新工艺，提高了还田机刀具的使用寿命。机壳采用后盖开合机构，方便用户清理机壳及刀具的更换与检修。

外形尺寸（毫米）：1 350×2 050×1 050

配套动力（千瓦）：70～80

整机质量（千克）：634

结构型式：侧边皮带传动

图4-1 1JQ-200高箱秸秆切碎还田机

工作幅宽（米）：2

留茬高度（厘米）：＜8

切碎长度（厘米）：＜10

刀轴转速（转/分钟）：2 160

最小离地间距（毫米）：310

机具作业效率（亩/小时）：9～15

作业速度（千米/小时）：3.0～6.0

例2：旌牛1JH-300秸秆粉碎还田机（图4-2）

该机结构简单、工作可靠，秸秆切碎性能好，碎块布撒均匀，震动噪音低，维修保养方便。

外形尺寸（毫米）：1 690×3 450×1 160

整机质量（千克）：1 080

配套动力（千瓦）：≥100

结构型式：后三点悬挂式

纯工作小时生产率（亩/小时）：≥15.0

工作幅宽（米）：3.0

最小离地间距（毫米）：≥300

作业速度（千米/小时）：≥3.3

粉碎轴转速（转/分钟）：2 160

粉碎机构总安装刀数：组合甩刀96把（32组）

例3：开元刀神1GKN-250旋耕机（图4-3）

该机具有碎土能力强、耕后镇压、地表平坦等特点，同时能够切碎埋在地表以下的根茬，便于播种机作业，为后期播种提供良好种床。

配套动力（千瓦）：≥67

工作幅宽（米）：2.5

挂接方式：三点悬挂连接

动力输出轴转速（转/分钟）：720/540

刀轴数：单

刀轴转速（转/分钟）：267/254

传动方式：中间齿轮传动

传动轴防护罩：有

刀辊回转半径（毫米）：245

图4-2　1JH-300秸秆粉碎还田机

图4-3　1GKN-250旋耕机

旋耕刀型式及数量：1T245 型（左右各半）68 把刀

整机质量（千克）：595

（二）深松（耕）机械

例1：大华宝来 1S－300 型深松机（图4－4）

该机深松铲采用特种弧面倒梯形设计，作业时不打乱土层、不翻土，实现全方位深松。采用高隙加强铲座和三排梁框架结构，可适用于不同质地及有大量秸秆覆盖的土壤进行作业，避免堵塞，提高机具通过性。根据配套动力还可选择大、小 2 种深松铲，适宜深松深度为 25～50 厘米，配备进口深松铲，极限深

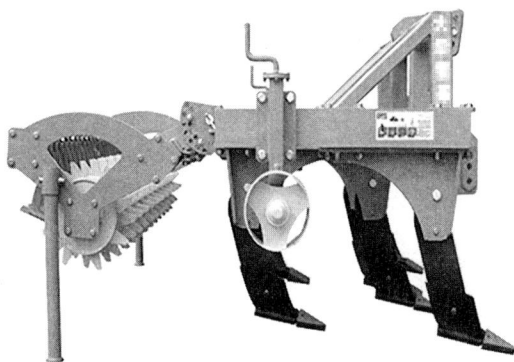

图4－4 1S－300 型深松机

度可达到 60 厘米，具有高强度和超耐磨性，比传统部件使用寿命提高 3～4 倍，可通过保险螺栓进行过载保护。

外形尺寸（毫米）：2 050×3 200×1 520

配套动力（千瓦）：99.2～117.6

作业行数（行）：6

作业幅宽（米）：3

整机质量（千克）：1 300

深松（小铲）深度（厘米）：25～40

深松（大铲）深度（厘米）：25～50

生产效率（亩/小时）：31.8～41

例2：圣和 1SS－280A 深松机（图4－5）

结构型式：悬挂式

外形尺寸（毫米）：1 145×2 670×1 480

配套动力（千瓦）：88.20～95.55

工作幅宽（厘米）：280

铲间距（厘米）：70

深松铲结构型式：曲面铲（片柱式）

深松铲数量（个）：4

深松耕深（厘米）：35～40

整机质量（千克）：1 410

生产效率（亩/小时）：12.6～25.2

作业速度（千米/小时）：3.0～6.0

图4－5 1SS－280A 深松机

例3：马斯奇奥 ATTILA－300 全方位深松机（图4－6）

该机能够全方位深松，效果彻底；一次性完成土壤的深松和碎土作业，土壤表面平整、细致。所有铲腿配备剪切螺栓，可在恶劣地况有效保护铲齿机构；深松铲＋

翼型铲组合，达到全方位疏松土壤的效果；双钉齿形镇压辊，可以有效碎土、混茬、镇压及平整土壤；铲腿及铲尖采用渐进式入土角度设计，入土性能更佳。

配套动力（千瓦）：119～149

工作幅宽（米）：3

深松铲结构型式：深松铲＋翼型铲

深松铲数量（个）：5

最大耕深（厘米）：55

整机质量（千克）：1 615

作业速度（千米/小时）：6.0～10.0

图 4-6 ATTILA-300 全方位深松机

例 4：大华宝来 1LFT-440 型翻转犁（图 4-7）

该机整机结构合理、刚性强、选材优质，利用液压油缸具有双向翻转功能，省时省油，高效经济。配置小副犁，能切割田间地表植被，以利秸秆杂草深掩变腐肥田，整机牵引稳定、耕深一致、翻土效果好，符合农艺及农机作业要求。

外形尺寸（毫米）：4 100×2 000×1 760

配套动力（千瓦）：102.9～117.6

结构型式：双向调幅犁

挂接方式：悬挂式

图 4-7 1LFT-440 型翻转犁

犁体类型/数量（个）：栅条式/4×2

犁体调幅范围（毫米）：250/300/350/400

整机质量（千克）：1 356

作业耕深（厘米）：25～35

作业速度（千米/小时）：6～10

作业效率（亩/小时）：14.4～24.0

（三）联合整地机械

联合整地机械除带有深松功能外，还有旋耕、起垄、耙地、施肥、碎土、灭茬还田等功能，可减少机具进地次数，保护耕层土壤，提高作业效率。

例 1：大华宝来 1SZL-300L 免耕少耕高效复式联合整地机（图 4-8）

该机是兼备灭茬、深松、碎土和镇压等多功能的复式机型。利用双排超锋

图 4-8 1SZL-300L 免耕少耕高效复式联合整地机

利波纹圆盘进行有效灭茬和碎土，装配具有垂直深松耕作技术的深松铲可彻底清除犁底层，并带有过载保护装置。深松和碎土的耕作深度均可独立调整，经过碎土镇压后一次性作业即可达到待播状态，是实现保护性耕作技术的一款高效作业机具。

外形尺寸（毫米）：3 100×3 000×1 450

配套动力（千瓦）：132.30～169.05

作业幅宽（米）：3

深松铲结构/数量（个）：全方位垂直铲/5 个

深松行距/深度（厘米）：60/25～45（可调）

整机质量（千克）：3 400

作业速度（千米/小时）：10～15

生产效率（亩/小时）：45.0～67.5

例2：颐元 1GJSSQ－210 秸秆还田联合整地机（图4－9）

该机集秸秆粉碎、灭茬、旋耕、整平、镇压功能于一体。

粉碎混土整地深度（厘米）：3～13（可调）

图4－9 1GJSSQ－210秸秆还田联合整地机

作业幅宽（米）：2.1

配套动力（千瓦）：90～104

作业速度（千米/小时）：3.5～4.5

例3：德农 1ZS－350 型联合深松整地机（图4－10）

该机采用标准双头铲尖，与格兰犁铲尖通用，可调换使用，寿命增加一倍。可选装翼型铲用于浅翻作业，自动复位保护装置适用于石块多的地块，一次性完成土壤的深松、整平等。

图4－10 1ZS－350 型联合深松整地机

整机质量（千克）：2 500

配套动力（千瓦）：≥150

深松深度（厘米）：30～45

作业幅宽（米）：3.5

作业速度（千米/小时）：8～12

例4：大华宝来 1SZL－350 型联合整地机（图4－11）

该机是全方位式具备复式作业功能的深松整地机具，采用纯进口高强度硼钢"弧面倒梯形"深松铲，可扩大

图4－11 1SZL－350 型联合整地机

对土壤的耕作范围，配套多款系列旋耕机和多种形式的镇压辊，可一次性完成深松、旋耕、碎土、镇压等多道工序，整地效果好并达到待播状态。

配套动力（千瓦）：132.3～191.1

外形尺寸（毫米）：4 400×3 100×1 500

工作幅宽（米）：3.5

整机质量（千克）：2 650

深松铲结构型式：偏柱式曲面铲

工作铲数（个）：6

深松深度（厘米）：中铲 25～45，大铲 25～50

整地深度（厘米）：8～18

生产效率（亩/小时）：27.0～37.5

第二节　高性能播种施肥机械

播种机的性能直接影响播种作业质量，播种机的发展趋势是大型宽幅、气力排种、精准投种、智能监控、漏种补偿，不但能够实现播量和种子间距的精准化，还将实现数字化监控、数据无线传输。未来自动控制、自动驾驶的播种作业机组，将会非常普遍。目前，在"吨半粮"产能创建过程中，应重点推进玉米单粒精播、小麦精量宽幅播种、种肥同播等大型高效机械化装备的示范与应用。

（一）小麦精量播种机械

例1：悍马 2BLZ-300 立旋整地双镇压谷物精量播种机（图 4-12）

该机能一次性完成旋耕、播种、镇压、覆土，作业平整，覆盖好；耕后即播，防止水分蒸发，不跑墒，提高了发芽率；立旋整地，避免了秸秆与土壤混杂；减少机械作业次数，节约成本，提高了作业效率；驱动耙整地平整，碎土率高，为小麦创造了良好的种床。

配套动力（千瓦）：119

工作幅宽（米）：3

行数（行）：24

作业效率（亩/小时）：25～30

图 4-12　2BLZ-300 立旋整地双镇压谷物精量播种机

例2：农哈哈 2BXF-12 小麦播种机（图 4-13）

该机采用新型种盒，既能观察排种过程，又能防止种子飞溅，除可播种小麦、直播旱稻以外，经过微调可以播种任何小粒种子，播量稳定可靠。采用光镇压辊播种，小麦覆土均匀，播后土地平整，利于保墒，小麦出苗优势明显。根据耕作土壤环境可以选配圆盘式、弹簧腿式、宽苗带式、脚式等多种播种开沟器。该机型从 6～16 行可选。

外形尺寸（毫米）：1 680×1 980×1 280

整机质量（千克）：340

配套动力（千瓦）：11～13

播种（肥）行数（行）：12

基本行距（厘米）：15（可调）

最大播肥量（千克/亩）：30～60（可调）

最大播种量（千克/亩）：35（可调）

播种（肥）深度（厘米）：2～5

图4-13 2BXF-12小麦播种机

例3：农哈哈2BFG-16（230）小麦旋耕施肥播种机（图4-14）

复式作业，将旋耕和播种一次性完成，提高了作业效率。种肥箱一体，结构紧凑、机身短。箱盖采用卷帘式开启，操作轻便，密封好，防雨防潮。采用圆盘播种开沟器，作业通过性好；采用波纹镇压辊，作业后覆土效果好。14、16、18、20行可选。

外形尺寸（毫米）：2 000×2 740×1 400

结构型式：机械式、悬挂式

配套动力（千瓦）：73.5～110.3

工作幅宽（米）：2.3

作业行数（肥/种）（行）：16

作业行距（厘米）：15

作业速度范围（千米/小时）：2～5

图4-14 2BFG-16（230）小麦旋耕施肥播种机

例4：奥龙2BF-20复式条播机（图4-15）

该机适用于犁翻后地块的整地播种作业；利用驱动耙整平土地，碎土效果好，地表平整，解决了拖拉机轮辙对播种深度的影响；驱动耙碎土不翻动土壤，犁翻地时覆盖的秸秆杂草不受影响；利用镇压轮压实土壤，增强土壤蓄水保墒能力；利用单行四杆仿形机构保证各行

图4-15 2BF-20复式条播机

播种深度一致，出苗整齐；播种后单行苗带镇压，种子与土壤接触紧密，有利于种子的发芽生长，增强农作物的抗寒、抗旱、抗倒伏能力；采用无级变速箱调整播量，方便、准确。

外形尺寸（毫米）：4 000×3 200×1 790

配套动力（千瓦）：132.3～176.5

播种行数（行）：20

行距（厘米）：15

工作幅宽（米）：3

整地方式：驱动耙整地

整地深度（厘米）：8～12

例5：马斯奇奥SC-MARIA250条播机（图4-16）

可选牵引式机架，离地间隙较高，避免拥堵。作业过程中有多种排种器供选择，可以实现种肥同播。

工作幅宽（米）：2.5

行数（行）：17（18）

行距（厘米）：14.7（13.8）

种箱容量（升）：391

肥箱容量（升）：220

最大工作速度（千米/小时）：12

配套动力（千瓦）：52

图4-16 SC-MARIA250条播机

（二）玉米免耕精量播种施肥一体机

玉米免耕精量播种施肥一体机一次性可完成清茬、单粒播种、施肥、覆土、镇压等工序。

例1：雷沃2BMQE-4E气吸式免耕精量播种机（图4-17）

该机采用高性能排种器和风机装置，智能监控、操作简便。播种单体搭载进口气吸排种器，搭配多种规格种盘，适应玉米、大豆、高粱等多种作物种植。播种精度高，株距、行距、深度可调，适合免耕工况作业。

外形尺寸（毫米）：3 280×3 150×1 550

配套动力（千瓦）：112～134

整机质量（千克）：1 780

作业行数（行）：4

挂接方式：牵引悬挂一体

适应行距（厘米）：45～70

排种器型式：气吸式

排肥器型式：外槽轮式

开沟器型式：铲式施肥开沟

图4-17 2BMQE-4E气吸式免耕精量播种机

种箱容积（升）：32×4

底肥容积（升）：320×2

最佳作业速度（千米/小时）：8～10

例2：大华宝来2BMYFZQ-4A型牵引式免耕指夹精量施肥播种机（图4-18）

该机是新一代为保护性耕作技术配套的免耕播种机械。主要适用于秸秆还田作业完成后或有根茬覆盖情况下的地表平作行间播种、垄作垄上播种、宽窄行播种以及常规播种。可一次性完成侧深施化肥、清理种床秸秆残茬、整理种床、单粒播种、施肥、覆土、镇压等工序。

图4-18 2BMYFZQ-4A型牵引式免耕指夹精量施肥播种机

配套动力（千瓦）：40.4～51.5

外形尺寸（毫米）：3 280×3 570×1 500

整机质量（千克）：1 260

作业行数（行）：4

工作幅宽（米）：2.8

适应行距（厘米）：40～70 宽窄行

与拖拉机连接形式：牵引式

排种器型式：指夹式

播种深度（厘米）：3～10（10级）

种箱容积（升）：180

肥箱容积（升）：420

作业速度（千米/小时）：6～10

作业效率（亩/小时）：19.5～33.0

例3：DEBONT（德邦大为）1405型牵引式免耕精量播种机（图4-19）

该机具采用苗带清茬技术，实现苗带秸秆切断清理、智能监测、农机管家系统与免耕播种机一体化设计，数据准确，现场作业效果监测与数据远程传输同步完成。

图4-19 1405型牵引式免耕精量播种机

配套动力（千瓦）：41～60

作业行数（行）：4

整机质量（千克）：2 000

排种器型式：气吸式/指夹式

拨草轮型式：双向渐开线轮齿式

松土、破茬器型式：波轮圆盘

仿形轮型式：双侧设置加宽空心橡胶轮

覆土镇压器型式：V形对置窄空心橡胶轮

监控器功能：作业速度监控、底肥堵肥和缺肥报警、漏播报警、秋种粒数统计、作业面积统计

例4：农哈哈2BFGY-4（4）（200）玉米旋耕施肥播种机（图4-20）

该机具直接把玉米施肥播种机挂接在旋耕机后面，可一次性完成旋耕、施肥、播种等功能，实现了复合式作业，提高作业效率。播种总成具有仿形功能，可有效控制播种深浅。镇压限深轮胎宽大，保证了机具在旋土地作业时不会下陷。播种与施肥采用钝角开沟器，避免缠草拥堵，降低了工作阻力。

图4-20 2BFGY-4（4）（200）玉米旋耕施肥播种机

外形尺寸（毫米）：1 950×2 300×1 400

整机质量（千克）：770

配套动力（千瓦）：>51.5

行距（毫米）：450～686

播种行数（行）：4

播种深度（厘米）：3～5

施肥深度（厘米）：6～8

最大亩施肥量（千克）：140

例5：奥龙2BMYFSQ-6型牵引式玉米深松免耕多层施肥精播机（图4-21）

该机采用深施肥、分层施肥，一次施足全季化肥，中间不用追肥，节省人力、财力；采用指夹式排种器，单粒精播；通过变速箱改变株距，调整方便；采用四杆仿形机构，播种深度均匀一致；应用V形镇压轮，镇压后种子与土壤密切接触，种子发芽率高，出苗整齐。

图4-21 2BMYFSQ-6型牵引式玉米深松免耕多层施肥精播机

配套动力（千瓦）：≥99.2

深松铲结构型式：凿铲式

排种器型式：指夹式

播种行数（行）：6

施肥行数（行）：6

行距（厘米）：60

株距（厘米）：17～32（6 档可调）

工作幅宽（厘米）：360

深松深度（厘米）：≥25

第三节 高效植保机械

植保机械化的发展方向是逐步淘汰以手动（机动）背负式机械为代表的大剂量、粗放式、高劳动强度的落后植保机械，提高喷杆喷雾机和植保无人机保有量，提高农药利用率、统防统治覆盖率。因此，本节主要介绍自走式喷杆喷雾机和植保无人机这两种植保机械，以期为读者开展植保防治提供合适的机械选择。

（一）自走式喷杆喷雾机

例 1：奥森 3WPZ－1600B 喷杆喷雾机（图 4－22）

该喷雾机作业效率高，喷洒质量好，喷液量分布均匀，适合大面积喷洒各种农药、肥料和植物生长调节剂等液态制剂。

图 4－22 3WPZ－1600B 喷杆喷雾机

外形尺寸（毫米）：4 900×2 300×2 800

配套动力：柴油机

标定功率（千瓦）：74

转速（转/分钟）：2 400

药箱容量（升）：1 600

喷幅（米）：17.5

配套喷头：110°扇形，36 个

配套泵：隔膜泵，100 升/分钟

行走系统：四轮驱动，四轮转向

离地间距（厘米）：105

轮距（厘米）：205～230

轮胎型式：充气橡胶轮胎

喷杆操纵型式：液压油缸

整机常用工作压力（兆帕）：0.2～0.4

工作效率（亩/小时）：180

例 2：华盛泰山 3WP－1300G 自走式高秆作物喷杆喷雾机（图 4－23）

该机具有四轮驱动、四轮转向，行走能力强、转弯半径小。本机可实现高秆作物全过程施药作业，广泛应用于玉米、高粱等高秆作物，同时还可用于小麦、棉花、大豆等旱田作物。

发动机功率（千瓦）：50

药箱容积（升）：1 300（650×2 个）

过滤系统：三级过滤（加药口、液泵前、喷头处）

图 4 - 23　3WP - 1300G 自走式高秆作物喷杆喷雾机

离地间距（米）：≥2.2

驾驶室升降范围（米）：0.5～2.2

喷杆升降范围（米）：0.4～2.9

工作压力（兆帕）：0.2～0.4

喷杆喷幅：15 米，5 段电控液压折叠

（二）植保无人机

植保无人机具有高效化、智能化、精准化，载药量越来越大，避障能力越来越强的特点。

例 1：极飞 P80 植保无人机（图 4 - 24）

该机拥有 40 千克载重能力，搭载全新极飞 SuperX4 智能控制系统，结合极飞睿图、睿喷、睿播模块，多向雷达矩阵，在精准喷洒、均匀播撒、智能测绘等农事执行环节，实现了作业效率的提升。RTK 厘米级定位，更适合大田植

图 4 - 24　P80 植保无人机

保，全自主飞行，喷洒兼用，播撒兼用，测绘飞行方向全方位避障。

药液箱额定容量（升）：40

例 2：大疆 T40 植保无人飞机（图 4 - 25）

该机采用共轴双旋翼设计，具有 40 千克的喷洒与 50 千克的播撒载重。启用 RTK 定位，搭载双重雾化喷洒系统、智图系统，有源相控阵雷达和双目视觉感知系统，集飞防、航测于一体，作业更为轻松、精准。

图 4 - 25　T40 植保无人飞机

整机质量（不含电池）（千克）：38

旋翼数量（个）：8

作业箱容积（升）：40

作业载荷（千克）：40

飞行方向：全方位避障

最大有效喷幅（米）：11（相对作业高度 2.5 米，飞行速度 7 米/秒）

第四节　节水灌溉机械

农田灌溉的发展趋势和方向是管灌、喷灌、淋灌、滴灌等节水灌溉及水肥一体化作业。喷灌技术仍为大田农作物机械化节水灌溉的主要技术，软管卷盘式喷灌机及移动式喷

灌机较为适用。

例1：雨星75-300喷灌机（图4-26）

该机是节水灌溉设备，具备水肥一体化功能；单台设备有效控制面积为200～300亩。

管径（毫米）：75

管长（米）：300

入机压力（兆帕）：0.30～0.75

最大控制灌溉带长度（米）：305

控制灌溉带宽度（米）：34

连接压力（兆帕）：0.26～0.89

图4-26 75-300喷灌机

例2：农哈哈8JP75-300电动型淋灌机（图4-27）

该机采用淋灌喷洒模式，实现了低压、低能耗、均匀度高、抗风性强、土壤表层不板结的浇水模式，满足大田农作物不同时期、不同浇水量的需求；采用折叠式淋灌架，不用拆卸，挪机转场方便；配置远程智能报警系统，当设备出现断水断电、机械故障、喷头车接近主机、水压低于设定值等情况时，能够向用户手机发送短信和拨打电话报警。

驱动装置：800瓦电机

变速装置：电驱动智控调速

回收速度（米/小时）：10～80

出水量（米³/小时）：25～40

工作效率（亩/小时）：1.5～2.0

淋灌喷幅（米）：最大30

喷枪喷幅（米）：40～70

图4-27 8JP75-300电动型淋灌机

例3：现代农装（中农机）DPP系列电动平移式喷灌机（图4-28）

该机自动化程度高，具有高效、节能、节水、增产、省工等特点。配套动力可用电网或柴油发电机组。喷洒部件可配摇臂式喷头与喷枪。喷洒均匀度系数可达90%以上，并能喷洒化肥和农药。适宜喷灌草坪、苗圃、大田农作物和牧草。

设备长度（米）：76～686

图4-28 DPP系列电动平移式喷灌机

跨距（米）：61

输水管外径（毫米）：165

末端悬臂长度（米）：0～21

桁架通过高度（米）：2.70

末端最小工作压力（兆帕）：0.10～0.15

降水量（毫米/小时）：5.21～52.10

组合喷灌均匀度（%）：≥90

最大爬坡能力（%）：≤10

轮胎型号：14.9～24.0

设备长度（米）：76～686

第五节 减损收获机械

小麦收割机选择方向是大品牌、知名度高、市场占有率高、喂入量在 8 千克/秒以上的大型收获机械，收割速度均匀、干净、洒粮少。玉米果穗收获机推荐四行以上知名品牌的大型自走式收获机。目前，由于品种、机械、烘干等问题的制约，玉米籽粒收获推进缓慢，但随着农业规模化经营的发展，玉米籽粒收获将是玉米收获发展的方向和趋势。本节对部分小麦、玉米联合收割机以及玉米籽粒收割机加以介绍说明，供读者参考。

（一）小麦联合收割机

例1：沃得 4LZ－9A（G4）轮式纵轴流小麦联合收割机（图 4－29）

该机采用纵轴流脱粒结构，超长滚筒收割高产作物应对自如；无级变速（HST），无需离合挂挡更省力，提高作业效率；采用鱼鳞筛清选结构，确保归仓粮食更干净、损失更少；脱粒滚筒三挡可调（630、450、365），一机多用，可实现收割小麦、玉米等作物，增加用户收益。

图 4－29 4LZ－9A（G4）轮式纵轴流小麦联合收割机

结构型式：轮式自走全喂入式

发动机标定功率（千瓦）：129

发动机标定转速（转/分钟）：2 400

外形尺寸（毫米）：6 500×3 260×3 450

整机质量（千克）：5 740

割台工作幅宽（米）：2.75/2.60

最小离地间距（厘米）：35

割刀型式：标Ⅱ型

喂入量（千克/秒）：9.0

作业挡位：3

作业速度（千米/小时）：1.0～9.0

生产效率（亩/小时）：3～21

脱粒滚筒型式：纵向轴流杆齿式

例2：雷沃谷神 GE90SPRO（G4）轮式谷物收获机（图4-30）

该机通过效率提升、速度提升等6项升级，行驶速度达到40千米/小时，最快满仓卸粮达到52秒，且驾乘舒适；加强三段复合滚筒＋装配式脱谷室，脱分快速，效果好；双层往复异向振动筛，清选面积大，清选效率高，干净不跑粮。主收小麦，兼收玉米籽粒。

图4-30 GE90SPRO（G4）轮式谷物收获机

发动机功率（千瓦）：140

割幅（米）：2.75

整机质量（千克）：5 990

喂入量（千克/秒）：9

粮仓容积（米^3）：2.5

外形尺寸（毫米）：6 800×3 080×3 440

脱粒分离方式：切流＋横轴流

清选方式：风筛式

生产效率（亩/小时）：9.0～19.5

例3：中联重科 TE100 纵轴流谷物联合收割机（图4-31）

该机采用纵轴流脱粒技术，加长滚筒，脱粒、分离效率高；大容积粮仓，减少卸粮次数，提高单位面积作业效率；一机多用，更换专用附件后，可收获小麦、水稻、谷子、玉米籽粒等。

图4-31 TE100 纵轴流谷物联合收割机

外形尺寸（毫米）：7 200×3 300×3 420

整机质量（千克）：7 100

最小离地间距（厘米）：30

发动机功率（千瓦/马力）：140/200

变速箱型式：机械变速＋液压无级变速

割幅（米）：2.75/2.90

喂入量（千克/秒）：10

脱粒装置型式：单纵轴流

滚筒长度×直径（毫米）：3 180×620

分离机构型式：栅格式

清选机构型式：风筛式

粮仓容积（米³）：3.2

（二）自走式玉米果穗收获机

例1：雷沃谷神 CB05（4YZ-5B1）玉米收获机（图4-32）

结构型式：自走式轮式摘穗剥皮秸秆还田型

配套发动机额定功率（千瓦）：147

工作状态外形尺寸（毫米）：8 900×3 450×3 995

图4-32 CB05（4YZ-5B1）玉米收获机

整机质量（千克）：10 060

工作行数（行）：5

行距（厘米）：65

工作幅宽（米）：3.21

果穗升运器通过高度（米）：3.9

最小离地间距（厘米）：32

作业速度（千米/小时）：1.7～7.0

生产效率（亩/小时）：6.0～16.5

摘穗机构型式：拉茎辊＋摘穗板

例2：巨明 4YZP-4M（688）（G4）型自走式玉米收获机（图4-33）

结构型式：轮式摘穗剥皮秸秆还田型

配套发动机额定功率（千瓦）：147

外形尺寸（毫米）：7 000×2 500×3 420

图4-33 4YZP-4M（688）(G4) 型自走式玉米收获机

作业行数（行）：4

工作幅宽（米）：2.4（选配2.3）

最大通过高度（米）：3.42

最小离地间距（厘米）：25

摘穗机构型式：板式

作业速度（千米/小时）：2.0～4.0

生产效率（亩/小时）：4.5～7.5

工作幅宽（米）：2.4

例3：中联收获 4YZ-3WA（G4）自走式玉米收获机（图4-34）

整机设计紧凑，机身短，机动性强，转弯半径小，掉头方便，收割效率高；全新动感外围，设计新颖时尚，维修方便；原创收获台，可实现不对行收获，适应各种行距、农艺要求。

发动机动力（千瓦）：131

收获行数（行）：3

生产效率（亩/小时）：5～10

整机质量（千克）：5 730

作业幅宽（米）：1.86

外形尺寸（毫米）：6 350×2 300×
3 170

图 4 - 34 4YZ - 3WA（G4）自走式玉米收获机

（三）玉米籽粒联合收获机

例 1： 中联重科 CF50G 玉米籽粒联合收割机（图 4 - 35）

该机更换小麦机割台、清选筛，可兼收小麦；更换割台附件、清选筛，可兼收大豆。

外形尺寸（毫米）：8 510×3 180×3 510

最小离地间距（厘米）：31

发动机排放：国Ⅳ

发动机功率（千瓦/马力）：140/190

变速箱型式：机械变速＋液压无级变速

割幅（米）：2.93

工作行数（行）：5

脱粒装置型式：单纵轴流

分离机构型式：栅格式

清选机构型式：风筛式

图 4 - 35 CF50G 玉米籽粒联合收割机

例 2： 雷沃谷神 GK120（4YL - 6K3）联合收割机（图 4 - 36）

该机可配套 4.57 米刚台、5.34 米挠台、6 行/8 行籽粒割台、捡拾割台等，满足大豆、玉米籽粒、小麦、谷子、高粱等作物收获，适用于东北、新疆及中原大地块作业、大型农服组织和合作社。

发动机功率（千瓦）：191

割幅：6 行 65 厘米玉米籽粒割台

整机质量（千克）：12 570

喂入量（千克/秒）：12

外形尺寸（毫米）：10 200×4 150×
4 100

图 4 - 36 GK120（4YL - 6K3）联合收割机

粮仓容积（米^3）：7

脱粒分离方式：单纵轴流

生产效率（亩/小时）：15～27

清选方式：风筛式

（四）履带式收割机

例1： 久保田 4LZ-6C8（EX108Q-S）全喂入履带式收割机（图4-37）

该机采用结构优化的斜角梁底盘结构，离地间距高达34厘米，配套58节高花凹型履带，可确保烂田作业时底盘不易雍泥，烂田通过性好。

外形尺寸（毫米）：5 800×2 635×2 920

结构质量/使用质量（千克）：4 115/4 385

图4-37 4LZ-6C8（EX108Q-S）全喂入履带式收割机

配套发动机标定功率（千瓦）：80.1

最小离地间距（毫米）：340

工作幅宽（米）：2.4

喂入量（千克/秒）：6.0

脱粒滚筒型式：钉齿轴流式

粮仓容量（升）：1 500

最高速度（米/秒）：2.4

例2： 沃得 4LZ-8.0EP（Q）联合收割机（图4-38）

该机可轻松收获倒伏作物；采用加长加粗拨禾轮弹齿，加强型防缠草分禾器，喂入口浮动设计。泥泞田块，应对自如；最小离地间距达50厘米，"骑马式"底盘轮系，56节500宽高齿履带。

外形尺寸（毫米）：5 740×2 840×2 970

图4-38 4LZ-8.0EP（Q）联合收割机

发动机功率（千瓦）：99.5

最小离地间距（厘米）：32

割幅（米）：2.0（选配2.36/2.56）

喂入量（千克/秒）：8.0

粮仓容积（米^3）：1.8

脱粒方式：二次清选（脱粒回筛面）

作业效率（亩/小时）：2.85～18.00

适合作物：小麦、玉米籽粒、大豆

第六节 谷物（粮食）干燥机

利用烘干设备对收获后的小麦、玉米籽粒进行烘干，不仅能够较快地达到所要求的含水标准，还能减少晾晒过程中产生的霉变、腐烂、浪费现象，保证粮食品质。其中，低温横流（混流）循环批式：生产效率低、降水速度慢，但爆腰、糊粮风险低，适合中小规模农户选用，大规模农户可将多个机组串联，形成连续生产，多用于种子和食用玉米烘干。高温混流连续式（烘干塔）：生产效率高、热能利用效率高、降水速度快，但爆腰、糊粮风险大，适合大型农场、大型粮食购销企业选用，多用于饲料、仓储玉米烘干。混流移动循环批式：分高温和低温两种，转移灵活、以柴油、燃气、生物质颗粒等为燃料，适合小规模农户选用。

例1：中联重科5HXG-30C批式循环谷物干燥机（图4-39）

外形尺寸（毫米）：3 090×2 260×11 328

结构型式：批式循环

干燥工艺：横流

干燥方式：间接加热

批处理量（吨）：30

电源：三相四线带接地380 V/50 Hz

所需总功率（千瓦）：16.57

降水速率（%/小时）：0.6～1.2

有效容积（米³）：53.58

热源型式：生物质热风炉、电热泵、油燃烧器、天然气燃烧器、蒸汽

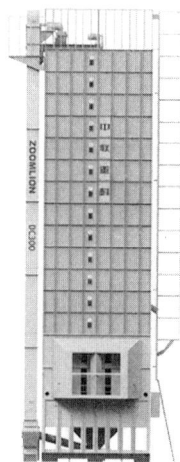

图4-39 5HXG-30C批式循环谷物干燥机

安全配置：热风温度传感器，断路器（热继电器、交流接触器异常过热、过载、短路时能够断路保护），满载报警器

例2：中联谷王DS5000（5HLH-500）高温连续式烘干塔（图4-40）

该机可选用多种供热方式及燃料，烘干成本低；适合水稻、小麦、玉米、油菜籽、小米等多种谷物干燥，适应范围广。

日处理量（吨/天）：500

降水幅度（%）：10～16

加热介质：干净空气

热风温度（℃）：<120

粮食最高受热温度（℃）：55

干燥不均匀度（%）：<2

破碎率增值（%）：<0.5

图4-40 DS5000（5HLH-500）高温连续式烘干塔

单位热耗（千焦/千克）：5 800

整机容量（吨）：玉米133

主机外形尺寸（米）：6×6

主机高度（米）：18～22

例3：辽宁凯尔5HSH-150谷物烘干机（图4-41）

结构尺寸（毫米）：2 600×2 000×16 400

整机质量（千克）：15 000

配套动力（千瓦）：73.85

处理量（吨/天）：150（10%≤降水幅度<15%）

燃烧机型式热风炉

安全装置：电控系统有过载、短路、漏电保护装置，料位有指示信号及报警功能，温度有超温报警功能。

结构型式：连续式

单位热耗（千焦/千克）：5 413.1

干燥能力 [（t·%）/小时]：75.54

破碎率增值（%）：0.20

裂纹率增值（%）：17.80

干燥不均匀度（%）：1.04

出机物料温度（℃）：26.1

图4-41　5HSH-150
谷物烘干机

例4：河北铠嘉5HXY-10移动式谷物烘干机（图4-42）

该机无须固定场地和大量的辅助基建工程，安装、保养、移动方便，可快速更换作业场地智能化设定，满足小麦、玉米，水稻、高粱等多种谷物烘干，一机多用。

结构型式：批式循环

干燥工艺：横流烘干

外形尺寸（毫米）：5 740×2 560×7 600

处理量（吨/批）：10

降水速率（%/小时）：2～4

烘干机容积（升）：15

热风温度范围（℃）：60～150

总功率（千瓦）：16.9

热源型式：燃油、燃气、生物质颗粒等

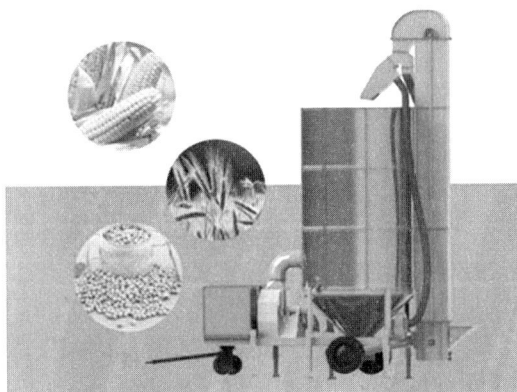

图4-42　5HXY-10移动式谷物烘干机

第七节　智能农机装备

近年来配备导航定位、作业质量监测、自动驾驶终端的大中型智能拖拉机、联合收割机逐步进入作业市场，实现翻耕整地、打埂筑畦、精量播种、喷药施肥、减损收获等精准作业，提升了作业效率，降低人力成本，实现农业生产活动的智能化、精准化、便捷化，对于农机的更新换代、提档升级具有极大的推动作用。

（一）农机导航自动驾驶系统

例1：联适 AF301 北斗导航自动驾驶系统（图4-43）

该系统采用双天线方案，使用高精度北斗卫星定位定向，根据当前车辆位置和航向控制电动方向盘转向，使车辆沿规划路径行驶。控制误差≤2.5厘米。使用自动驾驶作业可保证作业精度，行距统一、植株均匀，提高作物通风透光性，减少作物病虫害，提高作物产量，降低驾驶员劳动强度，提高作业效率，提高土地利用率，是农民增产增收的好帮手。该系统可用于拖拉机、插秧机、打药机、收割机等各种农业机械，通用性强，可适用于几乎所有方向盘转向式农业机械，支持一机多用。

图4-43 AF301 北斗导航自动驾驶系统

例2：惠达科技 HD408BD-2.5GD 北斗导航农机自动驾驶系统（图4-44）

车载计算机、卫星接收机板卡、控制器、惯导系统集成

卫星天线

姿态传感器

电动方向盘

图4-44 HD408BD-2.5GD 北斗导航农机自动驾驶系统

该系统可适配市场主流品牌的拖拉机、插秧机、植保机、收割机等农业机械，安装调试简便，可适用于开沟、耙地、播种、耕作、施肥、喷洒和收获等多种农业作业环节，有助于减轻驾驶员疲劳，大大延长驾驶员的有效作业时间，提高作业质量和效率。

集成部分组成：车载计算机、卫星接收机板卡、控制器及惯导系统集成

（二）农机作业监测终端

例：中农云 ZNY-BDZD001 智慧北斗终端主机（图4-45）

该设备安装便捷，支持手机、PC端多点登录，能采集农机作业的实时数据，依靠高

速数据网络及时传输到云端并存储，并在设备作业不达标时发出实时警报，显著提升农机作业管理信息化水平。

采样间隔（秒/次）：1

定位方式：北斗＋GPS 双模定位

定位精度（米）：≤2

深度误差（厘米）：≤2

作业面积精度（％）：≥97％

接口配置：RS485

工作电压/电流：9～36 伏/≤350 毫安（12 伏）

工作/存储温度（℃）：－30～70/－40～85

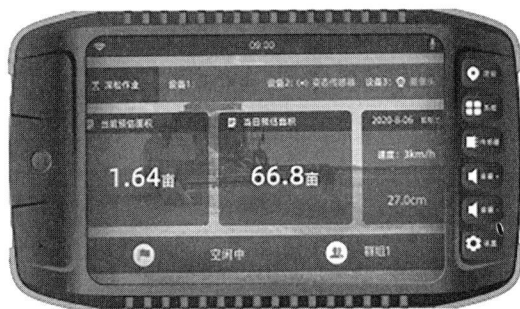

图 4-45 ZNY-BDZD001 智慧北斗终端主机

第八节 大中型拖拉机

目前，德州市拖拉机保有量已达 25 万余台，但小型拖拉机占比达 76.8％，已严重影响机械化作业效率和质量，报废和更新老、旧、小拖拉机，提高质量优良、性能可靠、经济适用的大中型拖拉机占比势在必行。应根据配套农机具作业要求，选用适宜功率的拖拉机，高质量、高效率完成机械化作业。

例 1：雷沃欧豹 M504-2A（G4）拖拉机（图 4-46）

该机主要用于旋耕、播种、田间管理、运输等作业。

发动机功率（千瓦/马力）：36.75/50

驱动形式：四驱

挡位：8＋2

最大牵引力（千牛）：14.5

外形尺寸（毫米）：3 700×1 560×2 400

轴距（毫米）：1 860

前轮轮距（毫米）：900～1 300

后轮轮距（毫米）：900～1 300

动力输出轴转速（转/分钟）：540/720

前进速度范围（千米/小时）：2.24～36.09

倒退速度范围（千米/小时）：2.08～33.62

图 4-46 M504-2A（G4）拖拉机

例 2：五征 MD804 拖拉机（图 4-47）

该机轴距仅 2 060 毫米，转弯半径 4.2 米，灵活轻便，更加适用于小地块作业。

外形尺寸（毫米）：3 880×1 800×2 600

轴距（毫米）：2 060

最小离地间距（毫米）：440

最小使用质量（千克）：2 700

最大牵引力（千牛）：22.5

最大提升力（千牛）：14.5

最小转向圆半径（米）：不单边制动4.5，单边制动4

发动机型式：共轨、水冷、四冲程、直喷式增压、中冷

发动机标定功率（千瓦）：58.8

发动机标定转速（转/分钟）：2 300

变速箱型式：(2+1)×4×2组成式

变速箱换挡方式：同步器换挡

行走系轮胎型号：（前轮/后轮）9.5 - 24/14.9 - 308

图 4 - 47　MD804 拖拉机

例 3：雷沃欧豹 M1204 - 4X（G4）轮式拖拉机（图 4 - 48）

该机主要用于旋耕、打浆、犁地、播种、打捆、运输等作业。

发动机功率（千瓦/马力）：88/120

驱动形式：四驱

挡位：12＋12

最大牵引力（千牛）：30

外形尺寸（毫米）：4 660×2 090×2 860

轴距（毫米）：2 270

前轮轮距（毫米）：1 650

后轮轮距（毫米）：1 300/1 500/1 550/1 740

动力输出轴转速（转/分钟）：标准540/760（选装：540/1 000、760/1 000）

前进速度范围（千米/小时）：1.9～34.1

倒退速度范围（千米/小时）：1.7～29.9

例 4：东方红 LX2004（G4）轮式拖拉机（图 4 - 49）

该机配置多功率省油开关，多种模式可调，适应多种作业，使用更经济。

外形尺寸（毫米）：5 375×2 860×3 400

最大配重质量前/后（千克）：810/450

图 4 - 48　M1204 - 4X（G4）轮式拖拉机

图 4 - 49　LX2004（G4）轮式拖拉机

发动机型式：六缸、直列、高压共轨、增压中冷

发动机标定功率（千瓦）：147.5

发动机额定转速（转/分钟）：2 200

变速箱挡数（前进/倒退）：24F/8R

速度范围（千米/小时）：前进 0.249～36.690，倒退 0.553～14.480

轮胎规格：前轮 16.9/28.0，后轮 20.9/38.0

前轮轮距（可调）（毫米）：1 904～2 250

后轮轮距（可调）（毫米）：1 780～2 280

最小离地间距（毫米）：460

动力输出轴功率（千瓦）：125.4

动力输出轴转速（转/分钟）：540/1 000

耕深控制方式：位调节，强压入土，可选装位控制、浮动控制，带快速升降、电控悬挂等

第五章 小麦玉米周年"吨半粮"生产能力建设的实践与思考

农业大市（农业大县）的粮食安全不仅是本地国民经济发展的基础，也是确保所在省份粮食产能稳步提升的关键。德州市作为全国首个粮食整建制"亩产过吨粮、总产过百亿"的地级市，在全国率先开展大面积"吨半粮"生产能力建设并取得实质成效，为山东省乃至黄淮海地区的粮食产能提升发挥了重要的首创示范和典型引领作用，在这其中，齐河县作为山东省5个20亿斤超级产粮大县之一，连续多年刷新全国大面积小麦、玉米单产纪录，在粮食高产创建方面也走出了独具特色的粮食安全道路。不管是德州市还是齐河县，其经验做法及启示都可为各级党委政府和有关部门、单位提供决策依据，为各地开展粮食高产创建提供借鉴参考，本章节通过分析总结德州市以及齐河县整建制谋划粮食高产创建的经验做法，进一步调动市县乡村各级层面重农抓粮保安全的积极性，最大限度地挖掘粮食产能，以期为全国各地夯实粮食根基，坚定不移走中国特色粮食安全道路提供借鉴参考。

第一节 2022年德州市"吨半粮"生产能力建设项目测产情况

2022年，德州市委托山东省作物学会统一组织开展"吨半粮"生产能力建设项目小麦玉米测产评价，山东省作物学会根据《德州市"吨半粮"生产能力建设测产方案》，先后邀请组织省内外专家130余人次，对德州市陵城区、夏津县等11个县（市、区）"吨半粮"生产能力建设核心区的小麦玉米进行了测产，共完成668点次的复测和11个县（市、区）47个点次的实打，测产情况如下。

一、小麦复测情况

2022年6月2—3日，山东省作物学会邀请山东省农业科学院、山东农业大学、山东省农业技术推广中心、山东省种子管理总站、德州市农业技术推广与种业中心、德州学院、德州市农业科学研究院等单位专家组成专家组，对德州市334个样点小麦进行了复测，测产结果详见表5-1。

表5-1 2022年德州市小麦复测样点产量统计

地点	面积（万亩）	样点总数	≥650千克/亩样点			<650千克/亩样点			平均亩产（千克）
			数量	占比（%）	平均亩产（千克）	数量	占比（%）	平均亩产（千克）	
齐河县	21	48	37	77.08	721.44	11	22.92	617.40	693.91
陵城区	15	30	27	90.00	726.40	3	10.00	582.83	712.05
夏津县	10	30	22	73.33	719.10	8	26.67	609.48	689.87

（续）

地点	面积（万亩）	样点总数	≥650 千克/亩样点			<650 千克/亩样点			平均亩产（千克）
			数量	占比（%）	平均亩产（千克）	数量	占比（%）	平均亩产（千克）	
武城县	10	30	18	60.00	724.89	12	40.00	598.19	674.21
临邑县	10	30	18	60.00	701.40	12	40.00	604.90	662.80
平原县	10	32	18	56.25	701.26	14	43.75	609.33	661.04
乐陵市	10	30	20	66.67	692.34	10	33.33	598.21	660.96
宁津县	10	30	15	50.00	680.73	15	50.00	597.56	639.15
禹城市	10	30	8	26.67	688.17	22	73.33	590.90	616.84
庆云县	5	30	24	80.00	696.00	6	20.00	625.07	681.81
德城区	3	14	5	35.71	728.86	9	64.29	582.71	634.91
合计/平均	114	334	212	63.47	711.40	122	36.53	601.08	672.74

德州市 11 个县（市、区）的 334 个样点中，亩产超过 650 千克的样点有 212 个，占总样点数的 63.47%，平均亩产为 711.40 千克；亩产低于 650 千克的样点有 122 个，占总样点数的 36.53%，平均亩产为 601.08 千克；全市按各县（市、区）面积进行加权，平均亩产为 672.74 千克。齐河县和陵城区分别以 21 万亩和 15 万亩位居核心区面积前两位。

复测样点中，小麦亩产超过 650 千克样点数最多的前三个县（区）是齐河县、陵城区、庆云县；亩产超过 650 千克样点数占本县（市、区）总样点数的比例最高的前三个县（区）是陵城区、庆云县、齐河县。

德州市"吨半粮"生产能力建设项目核心区以样点数量占比按面积加权统计，单产 650 千克/亩及以上核心区面积为 74.05 万亩，占核心区总面积的 64.96%，单产低于 650 千克/亩面积为 39.95 万亩，占核心区总面积的 35.04%。

11 个县（市、区）对德州市"吨半粮"核心区项目建设贡献度（达标总产与德州全市达标总产之比值）前三位的分别是齐河县、陵城区、夏津县，三县（区）贡献了德州全市"吨半粮"生产能力建设项目目标的 50.79%（其中齐河县 22.17%，陵城区 18.62%，夏津县 10.01%）。

值得注意的是，品种方面，334 个样点中，涉及济麦 22、良星 99、鲁原 118、鑫麦 296 等 21 个品种，其中济麦 22 占样点总数的 73.65%，良星 99 占 4.79%，其余 19 个品种占 21.56%（其中 13 个品种占比不到 1%）。

二、小麦实打情况

2022 年 6 月 11—17 日，由全国农业技术推广服务中心、中国农业科学院、山东省农业科学院、山东农业大学、青岛农业大学、山东省农业技术推广中心、山东省种子管理总站、德州市农业技术推广与种业中心、德州市农业科学研究院、德州学院等单位专家组成的专家组，对德州市齐河县、乐陵市、临邑县、陵城区、宁津县、平原县、庆云县、武城县、夏津县、禹城市、运河开发区等县（市、区）17 个样点进行了实打验收，实打验收结果详见表5-2。

表5-2 2022年德州市小麦实打产量统计

实打日期	地点	品种	播种日期	实打面积（亩）	籽粒鲜重（千克）	含水量（%）	折亩产量（千克）（13%水分）	产量排名
2022.6.14	陵城区义渡口镇边家村	济麦22	2021.10.20	3.23	2 961.20	20.60	832.15	1
2022.6.14	禹城市辛店镇大李村	山农40	2021.10.20	3.36	2 956.46	19.25	816.70	2
2022.6.11	齐河县焦庙镇周庄村	济麦22	2021.10.25	3.73	3 295.45	20.00	811.60	3
2022.6.15	夏津县东李镇王世寨村	鲁原118	2021.10.30	3.02	2 506.00	16.90	791.81	4
2022.6.14	平原县桃园街道贾庄村	济麦22	2021.10.22	3.02	2 636.00	21.70	785.17	5
2022.6.14	陵城区宋家镇旭升屯村	济麦22	2021.10.20	3.19	2 685.00	18.70	783.60	6
2022.6.14	武城县武城镇东小屯村	鑫麦296	2021.10.25	3.21	2 954.00	24.90	780.87	7
2022.6.17	乐陵市孔镇邓家村	轮选145	2021.10.26	3.21	2 628.40	17.00	778.70	8
2022.6.14	临邑县德平镇大西关村	鲁原118	2021.11.01	3.09	2 742.00	23.60	778.48	9
2022.6.14	齐河县晏城街道姜屯村	济麦22	2021.10.25	3.30	2 805.00	21.00	771.84	10
2022.6.17	乐陵市孔镇弭家村	鑫瑞麦38	2021.11.6	3.11	2 476.50	15.60	769.80	11
2022.6.14	运河开发区抬头寺镇抬头寺村	山农40	2021.10.28	3.72	3 765.00	33.00	765.65	12
2022.6.14	武城县郝王庄镇高明庄村	轮选145	2021.10.28	3.22	2 774.80	22.30	761.92	13
2022.6.17	庆云县常家镇北板营村	济麦22	2021.10.25	3.17	2 730.50	24.10	743.20	14
2022.6.14	宁津县大曹镇白庄村	鑫麦296	2021.10.21	3.12	2 750.00	26.90	737.78	15
2022.6.14	宁津县柴胡店镇盖家村	济麦22	2021.11.01	3.24	2 640.00	25.60	693.32	16
2022.6.14	禹城市辛店镇小杨村	济麦22	2021.10.31	3.40	2 488.80	25.40	621.40	17
平均							766.12	

德州市11个县（市、区）共实打样点17个，除禹城市1个样点亩产低于650千克外，其余16个样点亩产均超过650千克，17个样点平均亩产766.12千克，最高产量为陵城区义渡口镇边家村样点，亩产832.15千克；800千克以上样点3个，占总样点数的17.65%，700~800千克样点12个，占总样点数的70.59%。实打单产超过800千克的3个样点是陵城区义渡口镇边家村、禹城市辛店镇大李村和齐河县焦庙镇周庄村。

三、玉米复测情况

2022年9月22—23日，山东省作物学会邀请有关专家组成专家组，对德州市"吨半粮"生产能力建设项目114万亩玉米进行了复测，测产结果详见表5-3。

表 5-3 2022 年德州市玉米复测样点产量统计

地点	面积（万亩）	样点总数	≥850 千克/亩样点			<850 千克/亩样点			平均单产（千克/亩）
			数量	占比（%）	平均亩产（千克）	数量	占比（%）	平均亩产（千克）	
齐河县	21	48	28	58.33	915.18	20	41.67	764.55	852.42
宁津县	10	30	16	53.33	923.28	14	46.67	770.50	851.98
武城县	10	30	14	46.67	897.68	16	53.33	800.10	845.64
陵城区	15	30	15	50.00	901.34	15	50.00	782.26	841.80
夏津县	10	30	18	60.00	874.63	12	40.00	763.42	830.15
临邑县	10	30	14	46.67	898.59	16	53.33	768.31	829.11
乐陵市	10	30	10	33.33	902.63	20	66.67	764.30	810.41
平原县	10	32	6	18.75	967.62	26	81.25	728.07	772.98
庆云县	5	30	3	10.00	953.73	27	90.00	728.04	750.61
禹城市	10	30	5	16.67	897.84	25	83.33	707.28	739.04
德城区	3	14	2	14.29	893.27	12	85.71	697.80	725.73
合计/平均	114	334	131	39.22	906.36	203	60.78	753.22	817.99

德州市 11 个县（市、区）114 万亩核心区的 334 个样点中，亩产超过 850 千克的样点有 131 个，占总样点数的 39.22%，平均亩产为 906.36 千克；亩产低于 850 千克的样点有 203 个，占总样点数的 60.78%，平均亩产为 753.22 千克；114 万亩核心区以样点数代替面积进行加权，平均亩产为 817.99 千克，距目标产量尚差 32.01 千克。齐河县和陵城区分别以 21 万亩和 15 万亩位居核心区面积前两位。

复测样点中，玉米亩产超过 850 千克样点数最多的前三个县依次是齐河县、夏津县、宁津县；亩产超过 850 千克样点数占本县（市、区）总样点数的比例最高的前三个县依次是夏津县、齐河县、宁津县，分别为 60%、58.33% 和 53.33%。

以样点数量占比按面积加权统计，德州市"吨半粮"生产能力建设项目核心区单产超过 850 千克/亩的面积为 48.22 万亩，占核心区总面积的 42.30%，单产低于 850 千克/亩的面积为 65.78 万亩，占核心区总面积的 57.70%。

11 个县（市、区）对德州市"吨半粮"核心区项目建设贡献度（玉米达标总产与全市达标总产之比值）前三位的依次为齐河县、陵城区、夏津县，其中齐河县 23.77%，陵城区 19.50%，夏津县 10.73%，比小麦贡献度均有所提升。

值得注意的是，品种方面，334 个样点中涉及玉米品种 114 个，占比最多的前三位依次是登海 605、农大 372、沃玉 3 号，分别占样点总数的 22.75%、11.08% 和 5.69%，其余 111 个品种占 60.48%（其中 99 个品种占比不到 1%）。

四、玉米实打情况

山东省作物学会组织相关专家组，对德州市各县（市、区）样点进行了实打验收，实打结果详见表 5-4。

表 5－4　2022 年德州市玉米实打产量统计

实打日期	地点	品种	播种日期	实打面积（亩）	果穗鲜重（千克）	出籽率（%）	含水量（%）	折亩产量（千克）（14%水分）	产量排名
2022.10.11	平原县腰站镇王双堂村	明天 695	2022.6.12	3.15	5 229.79	81.48	33.44	1 046.98	1
2022.10.13	临邑县翟家镇翟家村	登海 1996	2022.6.15	3.60	5 317.15	85.62	29.87	1 031.20	2
2022.10.13	齐河县华店镇后拐村	农大 372	2022.6.18	3.40	5 412.34	82.70	33.10	1 024.10	3
2022.10.9	陵城区义渡口镇大李村	鲁研 106	2022.6.15	3.13	5 052.77	82.55	34.10	1 021.15	4
2022.10.9	陵城区宋家镇旭升屯村	沃玉 4 号	2022.6.17	3.26	5 124.47	81.70	33.10	1 013.97	5
2022.10.12	临邑县德平镇西关村	登海 661	2022.6.17	3.25	4 873.10	85.01	31.70	1 012.31	6
2022.10.10	乐陵市孔镇吕门楼村	黄金粮 MY73	2022.6.17	3.15	4 867.12	83.66	32.70	1 011.57	7
2022.10.9	武城县武城镇东小屯村	黄金粮 MY73	2022.6.16	3.14	4 843.00	85.30	35.43	987.79	8
2022.10.10	夏津县苏留庄镇东管庄村	农大 778	2022.6.23	3.14	4 982.00	80.00	33.13	986.95	9
2022.10.9	武城县李家户镇辛庄村	新单 58	2022.6.15	3.08	4 435.00	86.70	33.30	968.25	10
2022.10.12	禹城市辛店镇大李村	美德 002	2022.6.17	3.10	4 793.13	81.63	34.82	956.58	11
2022.10.12	临邑县翟家镇翟家村	中农 153	2022.6.19	3.93	5 431.79	86.82	32.40	943.23	12
2022.10.10	庆云县常家镇北板营村	农大 372	2022.6.16	3.18	4 591.57	83.03	33.70	924.24	13
2022.10.12	齐河县焦庙镇马坊村	农大 683	2022.6.16	3.60	5 386.40	80.00	33.90	920.00	14
2022.10.13	禹城市安仁镇齐庄村	登海 1996	2022.6.15	3.10	4 248.43	84.09	32.02	910.95	15
2022.10.9	陵城区义渡口镇边家村	登海 605	2022.6.17	3.11	4 548.85	81.95	34.80	908.74	16
2022.10.10	乐陵市孔镇邓家村	伟科 702	2022.6.17	3.03	4 459.22	78.48	32.40	907.87	17
2022.10.10	天衢新区抬头寺镇抬头寺村	美德 002	2022.6.23	3.00	4 256.60	78.00	29.50	907.20	18
2022.10.12	齐河县焦庙镇董庄村	登海 682	2022.6.12	3.28	4 816.80	76.10	30.66	901.10	19
2022.10.11	平原县张华镇北赵村	登海 605	2022.6.14	3.39	4 536.72	82.70	31.52	881.28	20
2022.10.10	夏津县雷集镇雷集村	农大 372	2022.6.13	3.11	4 320.00	82.40	33.90	879.74	21
2022.10.11	宁津县柴胡店镇司庄村	MY73	2022.6.20	3.15	4 322.70	83.60	34.10	879.10	22
2022.10.10	庆云县东辛店镇石高村	联创 839	2022.6.18	3.37	4 696.91	79.93	32.20	878.26	23
2022.10.11	乐陵市孔镇弭家村	科华 666	2022.6.19	3.19	4 310.82	84.57	34.60	869.09	24
2022.10.10	德城区黄河涯镇店东村	乐农 87	2022.6.17	3.24	4 259.80	82.20	31.50	860.80	25
2022.10.10	天衢新区赵虎镇曹庄村	东单 1331	2022.6.20	3.40	4 737.70	79.20	33.10	858.50	26
2022.10.13	禹城市伦镇城西村	明天 695	2022.6.15	3.20	4 271.84	79.90	31.70	845.86	27
2022.10.11	宁津县大曹镇东梁村	京科 999	2022.6.25	3.32	4 467.00	81.40	36.60	807.40	28
2022.10.9	武城县郝王庄镇高明庄村	伟科 931	2022.6.17	3.10	3 830.00	79.20	30.93	785.87	29
2022.10.10	德城区黄河涯镇闫屯村	沃玉 3 号	2022.6.17	3.13	3 961.40	79.20	35.10	756.40	30
平均						81.97	32.94	922.88	

德州市 11 个县（市、区）共实打样点 30 个，除禹城市、宁津县、武城县和德城区各有 1 个样点亩产低于 850 千克外，其余 26 个样点亩产均超过 850 千克；亩产超过 1 000 千克的样点有 7 个，超过 900 千克的样点有 19 个，30 个样点实打平均亩产 922.88 千克。

从玉米播期看，亩产超过 1 000 千克的样点播期均在 6 月 18 日之前；亩产 900～1 000 千克的样点平均播期比 1 000 千克的样点平均播期晚 1.39 天，亩产 800 千克及以下的样点平均播期比 1 000 千克的样点平均播期晚 1.87 天，说明玉米及早播种对提高产量有明显正向效果。

从玉米收获时籽粒含水量看，亩产超过 1 000 千克的样点平均籽粒含水量为 32.43%，亩产 900～1 000 千克的样点平均籽粒含水量为 33.01%，亩产 800 千克及以下的样点平均籽粒含水量为 33.20%，说明收获时籽粒含水量过高对产量有一定负面影响。

五、小麦玉米周年产量情况

小麦玉米周年产量情况详见表 5 - 5。

表 5 - 5　2022 年德州市"吨半粮"生产能力建设项目小麦玉米测产情况统计

地点	面积（万亩）	样点总数	≥1 500 千克/亩样点			<1 500 千克/亩样点			平均单产（千克/亩）	贡献度（%）
			数量	占比（%）	平均亩产（千克）	数量	占比（%）	平均亩产（千克）		
齐河县	21	48	33	68.75	1 603.45	15	31.25	1 420.68	1 546.33	23.77
陵城区	15	30	24	80.00	1 581.97	6	20.00	1 441.37	1 553.85	19.50
夏津县	10	30	20	66.67	1 567.83	10	33.33	1 424.38	1 520.02	10.73
武城县	10	30	17	56.67	1 569.89	13	43.33	1 454.42	1 519.85	9.14
宁津县	10	30	17	56.67	1 564.47	13	43.33	1 359.22	1 491.13	9.10
乐陵市	10	30	16	53.33	1 547.64	14	46.67	1 384.21	1 471.37	8.48
临邑县	10	30	15	50.00	1 576.34	15	50.00	1 407.48	1 491.91	8.09
平原县	10	32	9	28.13	1 573.09	23	71.88	1 379.61	1 434.03	4.54
禹城市	10	30	6	20.00	1 532.55	24	80.00	1 311.71	1 355.88	3.15
庆云县	5	30	8	26.67	1 571.40	22	73.33	1 381.88	1 432.42	2.15
德城区	3	14	4	28.57	1 524.64	10	71.43	1 295.03	1 360.63	1.34
合计/平均	114	334	169	50.60	1 576.30	165	49.40	1 388.05	1 490.06	100

德州市 11 个县（市、区）"吨半粮"核心区，整建制小麦玉米周年产量达到 1 500 千克/亩的有齐河县、陵城区、夏津县和武城县。

德州市核心区小麦玉米周年产量超过 1 500 千克/亩的面积达到 61.77 万亩，占比 54.18%，平均产量 1 576.30 千克/亩；小麦玉米周年产量不足 1 500 千克/亩的面积为

52.23 万亩，占比 45.82%，平均产量 1 388.05 千克/亩。全市 114 万亩"吨半粮"核心区小麦玉米周年平均产量为 1 490.06 千克/亩，距离目标产量相差 9.94 千克/亩。

六、总结

第一，坚持小麦完熟期适时收获。德州市 17 个实打样点小麦籽粒含水量在 15.6%～26.9%，说明各样点对实打时机的掌握不统一。玉米季尤其要注意实打测产的时机，要做好充分的前期准备工作，尽量避开不利天气条件。

第二，建议完善核心区生产管理技术档案建设，并引入信息化技术。通过数据和信息整合，制定出核心区小麦季、玉米季以及周年产量分布图，以便客观分析各季产量形成原因和制约因素，制定相应的技术措施，实现周年"吨半粮"生产能力建设目标。

第三，应建立各县（市、区）测产样点的最小种植规模准入制度，设置样点种植规模下限，确保高产样点的优良种植方法具有代表性和推广价值。

第四，尽量选用适宜本地区种植的优良品种，加强优良品种的宣传推广力度，提高土地规模化种植程度，可有效降低因农户盲目用种和品种良莠不齐造成的产量损失。

第五，"吨半粮"生产能力建设目标的实现重点在玉米。统计结果表明，德州市玉米 900 千克/亩以上产量的地块亩穗数均在 5 200 株以上，选用适宜播种机具和栽培技术、重点解决玉米缺苗断垄问题、确保密度是实现高产的先决条件。

第六，收获时玉米籽粒含水量过高是影响产量的另一重要因素，建议选用脱水快的品种，籽粒含水量尽量降至 30% 以下时收获，以减少损失、提质增效。

第七，及时总结高产样点好的做法，如品种和技术的选用、具体管理措施等，凝练出一套可复制、可推广的覆盖耕、种、管、收全过程的农机农艺融合技术体系。

第八，产量不达标的样点，要查找原因，开展集中培训和技术指导，以加强高标准农田建设、提高土地可持续生产能力为重点，大力推广高产样点的好经验、好做法，进一步推动粮食生产高质量发展。

第二节 2023 年德州市"吨半粮"生产能力建设项目测产情况

2023 年，德州市"吨半粮"核心区小麦玉米产量复测工作由农业农村部种植业管理司指导，全国农业技术推广服务中心牵头，山东省作物学会具体组织实施，按照《德州市"吨半粮"生产能力建设测产方案》，共邀请组织省内外专家 72 人次，对全市 12 个县（市、区）"吨半粮"生产能力建设核心区的 128 万亩小麦玉米各 390 个样点的产量进行了复测，测产情况如下。

一、小麦复测情况

5 月 24—27 日，全国农业技术推广服务中心、山东省作物学会、德州市农业农村局邀请专家组成测产小组，对德州市 12 个县（市、区）"吨半粮"核心区小麦进行了理论复测，小麦复测样点产量情况详见表 5-6。

表 5－6　2023 年德州市小麦复测样点产量统计表

地点	面积（万亩）	样点总数	≥650 千克/亩样点			<650 千克/亩样点			平均单产（千克/亩）
			数量	占比（%）	平均亩产（千克）	数量	占比（%）	平均亩产（千克）	
宁津县	10	30	29	96.67	744.2	1	3.33	618.6	740.0
临邑县	10	30	29	96.67	740.6	1	3.33	633.4	737.0
齐河县	30	93	86	92.47	722.3	7	7.53	639.3	716.0
平原县	10	30	29	96.67	707.4	1	3.33	645.9	705.3
陵城区	15	49	47	95.92	704.5	2	4.08	636.6	701.7
夏津县	10	30	30	100.00	696.5	0	0	/	696.5
武城县	10	30	30	100.00	696.4	0	0	/	696.4
乐陵市	10	30	27	90.00	688.3	3	10.00	630.3	682.5
德城区	3	9	8	88.89	692.9	1	11.11	590.4	681.5
禹城市	10	30	26	86.67	669.3	4	13.33	633.9	664.5
天衢新区	5	14	11	78.57	670.6	3	21.43	619.8	659.7
庆云县	5	15	11	73.33	662.8	4	26.67	616.6	650.5
合计/平均	128	390	363	93.08	706.8	27	6.92	634.7	701.75

2023 年德州市"吨半粮"核心区面积为 128 万亩，比 2022 年多 14 万亩；复测样点数为 390 个，比 2022 年多 56 个；样点共涉及小麦品种 49 个，比 2022 年多 28 个。其中，济麦 22 占比 68.97%，比 2022 年减少 4.7 个百分点；太麦 198 比占 2.56%，另有 36 个品种占比不到 1%。

390 个样点中亩产超过 650 千克的样点有 363 个，占总样点数的 93.08%，平均亩产为 706.8 千克，比初测高 1.65%；亩产低于 650 千克的样点有 27 个，占总样点数的 6.92%，平均亩产为 634.7 千克，比初测低 4.95%。按各县（市、区）核心区面积及平均单产加权，全市 128 万亩核心区小麦平均理论亩产为 701.75 千克，比初测高 1.66%，比去年高 4.31%。其中，119.06 万亩小麦平均理论亩产超过 650 千克，占核心区总面积的 93.0%，比去年多 45.01 万亩；8.94 万亩小麦平均理论亩产低于 650 千克，占核心区总面积的 7.0%，比去年减少 31.01 万亩。

二、玉米复测情况

9 月 24—26 日，全国农业技术推广服务中心、山东省作物学会、德州市农业农村局邀请专家组成测产小组，对德州市 12 个县（市、区）"吨半粮"核心区玉米产量进行了理论复测，玉米复测样点产量情况详见表 5－7。

表5-7 2023年德州市玉米复测样点产量统计

地点	面积（万亩）	样点总数	≥850千克/亩样点			<850千克/亩样点			平均单产（千克/亩）
			数量	占比（％）	平均亩产（千克）	数量	占比（％）	平均亩产（千克）	
德城区	3	9	8	88.89	911.09	1	11.11	786.30	897.2
陵城区	15	49	10	20.41	879.18	39	79.59	760.46	784.7
禹城市	10	30	30	100.00	876.11	0	0.00	0.00	876.1
乐陵市	10	30	27	90.00	903.01	3	10.00	831.20	895.8
宁津县	10	30	25	83.33	886.55	5	16.67	786.16	869.8
齐河县	30	93	78	83.87	904.89	15	16.13	827.21	892.4
临邑县	10	30	8	26.67	894.58	22	73.33	772.22	804.9
平原县	10	30	29	96.67	896.72	1	3.33	844.10	895.0
武城县	10	30	24	80.00	897.09	6	20.00	772.73	872.2
夏津县	10	30	22	73.33	871.23	8	26.67	740.46	836.4
庆云县	5	15	6	40.00	857.75	9	60.00	770.23	805.2
天衢新区	5	14	2	14.29	903.90	12	85.71	677.01	709.4
合计/平均	128	390	269	68.97	893.3	121	31.03	765.60	854.0

2023年德州市"吨半粮"核心区玉米面积为128万亩，比2022年多14万亩；复测样点数为390个，比2022年多56个；390个样点共涉及玉米品种106个，比2022年少8个。其中，登海605占比26.41％，比2022年增加3.66个百分点；农大372比占8.46％，另有87个品种占比不到1％。

390个样点中亩产超过850千克的样点有269个，占总样点数的68.97％，平均亩产为893.3千克，比初测高2.22％；亩产低于850千克的样点有121个，占总样点数的31.03％，平均亩产为765.60千克，比初测低2.10％。按各县（市、区）核心区面积及平均单产加权，全市128万亩核心区玉米平均理论亩产为854.0千克，比初测高0.60％，比去年高4.40％。其中，88.29万亩平均理论亩产超过850千克，占核心区总面积的68.97％，比去年多40.07万亩；39.71万亩平均理论亩产低于850千克，占核心区总面积的31.03％，比去年减少26.07万亩。

三、小麦、玉米实打情况

2023年6月11—15日及10月8—13日，山东省作物学会邀请全国农业技术推广服务中心、山东省农业科学院、山东农业大学、青岛农业大学、山东省农业技术推广中心、山东省种子管理总站等单位的专家组成实打专家组，对全市12个县（市、区）23个小麦样点，21个玉米样点进行了实打验收，小麦、玉米实打样点产量情况详见表5-8、表5-9。

表5-8 2023年德州市小麦实打样点产量统计

序号	县市区	经营主体名称	地块面积(亩)	位置	作物类型及品种	实打时间	实打面积(亩)	收获鲜籽粒(千克)	杂质率(%)	含水量(%)	实打产量(千克/亩)
1	乐陵市	房陵岭	1 300	花园镇房家村	济麦22	6月15日	3.677	6 519.0	0.05	16.0	853.9
2	乐陵市	吴广华	1 600	孔镇滕家	荷麦317	6月15日	3.69	3 401.25	0.2	20.15	844.3
3	陵城区	刘元国	24	宋家镇东丰村	济麦22	6月14日	3.11	2 727.9	0.67	18.5	816.18
4	临邑县	临邑县秋华土地托管合作社	60	翟家镇霍家村	德麦008	6月14日	3.41	3 370.91	2.31	27.5	804.58
5	武城县	庞海云	6	郝王庄镇高明庄村	轮选145	6月11日	3.06	2 645.7	0.2	19.46	798.8
6	禹城市	房新荣	9	伦镇小庄村	济麦22	6月12日	3.15	2 696.87	0.2	19.0	795.51
7	庆云县	石青晖	50	东辛店镇石高村	农大5181	6月15日	3.33	2 778.6	0.3	18.3	781.23
8	齐河县	李朝刚	10	焦庙镇周庄村	山农48	6月13日	3.2	3 200.4	0.717	32.18	774.1
9	平原县	张华运河种业公司	130	张华镇北白村	鲁研951	6月14日	3.318	2 656.59	0.3	16.5	766.14
10	天衢新区	德州经济开发区德迪种植专业合作社	120	抬头寺镇抬头寺村	德麦008	6月14日	3.48	2 918.0	0.25	20.8	761.4
11	齐河县	李建国	10	焦庙镇周庄村	济麦22	6月13日	3.16	2 812.9	0.95	25.5	755.0
12	夏津县	边顺强	320	雷集镇康寺村	鲁科298	6月13日	3.23	2 402.0	0.2	11.72	753.1
13	临邑县	临邑县德平镇富民家庭农场	80	德平镇西关村	济麦22	6月12日	3.2	2 484.9	0.1	16.1	748.1
14	武城县	武城县为民粮棉农民种植专业合作社	6	武城镇东小屯村	鲁研951	6月11日	3.1	2 756.6	0.2	26.84	746.3
15	平原县	赵怀民	260	张华镇北赵村	登海206	6月14日	3.06	2 326.2	0.2	15.3	738.62
16	陵城区	王成波	5.5	义渡口镇孙油坊村	济麦22	6月14日	3.19	2 419.0	0.3	16.9	722.1
17	平原县	平原鲁望农场	110	桃园办事处王芽子村	鲁研373	6月14日	3.189	2 396.25	0.2	17.1	714.57
18	宁津县	宁津县两棵树种植家庭农场	30	大曹镇张傲村	山农40	6月13日	3.21	3 004.98	0.75	33.36	711.7
19	禹城市	秦玉水	100	辛店镇大秦村	济麦38	6月12日	3.24	2 602.97	0.46	24.3	695.8
20	德城区	张振洪	10	黄河涯镇闫屯	烟农199	6月11号	3.68	2 810.1	0.1	23.5	670.8
21	天衢新区	曹书元	10	赵虎镇曹庄村	良星68	6月14日	3.21	2 386.0	0.4	21.18	670.7
22	宁津县	宁津县秀芳家庭农场	7.8	保店镇刘仙村	济麦22	6月13日	3.16	2 632.31	0.51	31.13	656.1
23	夏津县	贺新利	460	东李镇贺屯村	山农24	6月13日	3.02	1 976.0	0.28	13.16	651.3

表5-9　2023年德州市玉米实打样点产量统计

序号	县市区	经营主体名称	地块面积（亩）	位置	作物类型及品种	实打时间	实打面积（亩）	收获鲜果穗（千克）	出籽率（%）	含水量（%）	实打产量（千克/亩）
1	临邑县	临邑县秋华土地托管合作社	60	霍家镇霍家村	登海187	10月12日	3.36	5 679.78	85.57	30.80	1 163.9
2	平原县	张华运河种业公司	85	张华镇北白村	明天695	10月12日	3.21	5 195.34	81.40	24.42	1 157.82
3	齐河县	李朝刚	10	焦庙镇周庄村	MY73	10月12日	3.26	5 459.3	84.50	32.67	1 107.9
4	禹城市	秦玉水	88	辛店镇大秦村	MY73	10月13日	3.56	5 666.8	83.69	31.28	1 064.5
5	陵城区	王成波	15	义渡口镇孙油坊村南	MY73	10月9日	4.11	6 162.0	85.76	29.22	1 058.22
6	陵城区	刘元国	24	禾家镇东丰李村	坤端528	10月9日	3.30	5 144.5	82.50	31.80	1 019.93
7	齐河县	李建国	10	焦庙镇周庄村	登海605	10月12日	3.17	5 017.03	81.01	32.5	1 006.31
8	临邑县	临邑县德平镇富民家庭农场	80	德平镇西关村	登海2098	10月12日	3.07	4 370.63	83.09	28.0	990.35
9	庆云县	石青阵	15	东辛店镇石高村	豫禾196	10月9日	3.04	4 516.38	80	29.3	977.07
10	武城县	武城县为民粮棉种植农民专业合作社	6	武城镇东小屯村	MY73	10月10日	3.25	4 520.4	85.2	29.2	975.6
11	夏津县	程爱红	400	苏留庄镇苏留庄	农大372	10月10日	3.12	4 547.4	82.10	31.8	948.94
12	德城区	张振洪	10	黄河涯镇白屯	乐农87	10月8日	3.49	4 884.0	82.64	30.14	939.44
13	庆云县	李辉军	8	常家镇北板营村	强硕168	10月9日	3.158	4 387	82.3	29.3	939.4
14	禹城市	房新荣	10	伦镇堂子街村	登海605	10月13日	3.16	4 572.5	78.13	29.6	925.4
15	乐陵市	吴广华	140	孔镇滕家	明天695	10月14日	3.6	5 010.0	81.80	30.37	921.72
16	平原县	何石宝	280	桃园办事处贾庄村	美德002	10月13日	3.56	4 618.65	81.40	28.52	877.78
17	夏津县	雷军	334	雷集镇雷集村	农大372	10月10日	3.44	4 390	82.4	28.9	869.4
18	宁津县	宁津县两棵树种植家庭农场	10	大曹镇张傲村	登海605	10月13日	3.17	4 299.74	80.86	31.90	868.49
19	天衢新区	德州经济开发区德油种植专业合作社	30	抬头寺镇抬头寺村	德油178	10月8日	3.26	4 532.72	79.40	32.58	865.47
20	武城县	庞海云	6	郝王庄镇高明庄村	美德002	10月10日	3.18	4 258.9	81.8	32.1	864.9
21	乐陵市	房富岭	500	花园镇房家村	鲁单510	10月14日	3.08	3 920.0	83.02	30.12	858.56
	平均						3.31	4 816.8	82.31	30.2	971.5

23 个小麦样点实打折合亩产全部超过 650 千克，平均亩产 749.14 千克，比 2022 年全市 17 个样点平均亩产低 2.22%，最高产量为乐陵市花园镇房家村样点，亩产 853.9 千克，比 2022 年全市实打最高产量高 2.61%。

21 个玉米样点实打折合亩产全部超过 850 千克，平均亩产 971.5 千克，比 2022 年全市 30 个样点平均亩产高 5.27%，最高产量为临邑县翟家镇翟家村样点，亩产 1 163.9 千克，比 2022 年全市实打最高产量高 11.16%。

四、小麦玉米周年产量情况

2023 年德州市"吨半粮"核心区面积为 128 万亩，比 2022 年多 14 万亩；小麦＋玉米连续复测样点数为 390 个，比 2022 年多 56 个。

390 个样点中小麦玉米周年亩产超过 1 500 千克的样点有 313 个，占总样点数的 80.26%，比去年高 29.66 个百分点，平均亩产为 1 589.8 千克，比去年高 0.86%；亩产低于 1 500 千克的样点有 77 个，占总样点数的 19.74%，平均亩产为 1 416.4 千克，比去年高 2.04%。按各县（市、区）核心区面积及平均单产加权，全市核心区 102.73 万亩小麦玉米周年理论亩产超过 1 500 千克，占核心区总面积的 80.26%，比去年多 40.96 万亩；25.27 万亩平均理论亩产低于 1 500 千克，占核心区总面积的 19.74%，比去年少 26.96 万亩，小麦玉米周年产量情况详见表 5-10，小麦玉米周年"吨半粮"产能建设达标情况详见表 5-11。

表 5-10　2023 年德州市"吨半粮"生产能力建设小麦玉米周年产量情况统计

地点	面积（万亩）	样点总数	≥1 500 千克/亩样点			<1 500 千克/亩样点			平均单产（千克/亩）
			数量	占比（%）	平均亩产（千克）	数量	占比（%）	平均亩产（千克）	
德城区	3	9	8	88.89	1 589.4	1	11.11	1 493.0	1 578.7
陵城区	15	49	22	44.90	1 573.8	27	55.10	1 415.2	1 486.4
禹城市	10	30	28	93.33	1 544.5	2	6.67	1 486.6	1 540.7
乐陵市	10	30	28	93.33	1 585.7	2	6.67	1 475.3	1 578.3
宁津县	10	30	28	93.33	1 621.9	2	6.67	1 440.5	1 609.8
齐河县	30	93	90	96.77	1 612.4	3	3.23	1 488.9	1 608.4
临邑县	10	30	21	70.00	1 577.1	9	30.00	1 459.8	1 541.9
平原县	10	30	30	100.00	1 600.3	0	0.00	0.0	1 600.3
武城县	10	30	25	83.33	1 592.2	5	16.67	1 450.7	1 568.6
夏津县	10	30	23	76.67	1 562.4	7	23.33	1 435.5	1 532.8
庆云县	5	15	6	40.00	1 518.6	9	60.00	1 413.7	1 455.7
天衢新区	5	14	4	28.57	1 538.6	10	71.43	1 301.3	1 369.1
合计/平均	128	390	313	80.26	1 589.8	77	19.74	1 416.4	1 555.7

表 5-11　德州市 2023 年小麦玉米周年"吨半粮"产能建设达标情况统计

县市区	核心区面积（万亩）	小麦达标率（%）	玉米达标率（%）	吨半粮达标率（%）	吨半粮产能面积（万亩）	小麦玉米均达标样点数（个/总）	小麦达标玉米未达标总产达标样点数（个）	小麦达标玉米未达标总产未达标样点数（个）	玉米达标小麦未达标总产达标样点数（个）	玉米达标小麦未达标总产未达标样点数（个）	小麦玉米均未达标样点数（个）
德城区	3	88.9	88.9	88.9	2.7	7/9	0	1	1	0	0
陵城区	15	95.9	20.4	44.9	6.7	10/49	12	25	0	0	2
禹城市	10	86.7	100	93.3	9.3	26/30	0	0	2	2	0
乐陵市	10	90.0	90.0	93.3	9.3	25/30	1	1	2	0	1
宁津县	10	96.7	83.3	93.3	9.3	24/30	3	2	1	0	0
齐河县	30	92.5	83.9	96.8	29.0	72/93	12	2	6	0	1
临邑县	10	96.7	26.7	70.0	7.0	8/30	13	8	0	0	1
平原县	10	96.7	96.7	100.0	10.0	28/30	1	0	1	0	0
武城县	10	100.0	80.0	83.3	8.3	24/30	1	5	0	0	0
夏津县	10	100.0	73.3	76.7	7.7	22/30	1	7	0	0	0
庆云县	5	73.3	40.0	40.0	2.0	4/15	1	6	1	1	2
天衢新区	5	78.6	14.3	28.6	1.4	1/14	2	8	1	0	2
德州市	128	93.1	69.0	80.3	102.7	251/390	47	65	15	3	9

五、总结

德州市"吨半粮"产能建设核心区主要集成推广供种、深耕、播种、配方施肥、病虫草害防治、管理模式"六统一"。小麦上重点推广冬性或半冬性品种＋深耕灭茬＋配方精准施肥＋规范化播种＋宽幅精播＋播前播后双镇压＋浇越冬水＋氮肥后移＋"一喷三防"等技术，核心区统一供种、种子包衣、测土配方施肥、秸秆还田、"一喷三防"等技术实现全覆盖。玉米上重点推广高产抗逆品种＋合理密植＋增施生物菌肥＋贴茬高性能播种＋化控防倒＋精准水肥调控＋"一喷多促"＋适期晚收＋减损收获等技术，核心区种子包衣、测土配方施肥、秸秆还田、"一喷多促"等技术实现全覆盖。

第三节　德州市"吨半粮"生产能力建设实践与思考

面对粮食种植面积已处于历史高位、耕地和水资源约束趋紧等共性难题，德州市在全国率先开展了大面积"吨半粮"生产能力建设，并在政策、生产、科技层面给予全方位保障，通过明确"吨半粮"产能创建的政治地位、落实四级书记"指挥田"责任制、科技赋能和科技增粮、制定考核督导机制、加大政策和资金专项扶持、制定"吨半粮"生产能力建设技术及评估标准、打造粮食加工全产业链等多措并举，加快构建全市现代农业生产体系和经营体系，带动形成市县各级农业生产标准化、经营规模化、装备智能化、发展绿色化、技术集成化和服务网络化，全面调动整个社会重农抓粮保安全的积极性，切实推动全市农业绿色高质高效发展，最大限度地挖掘粮食产能，为国家稳步实施新一轮千亿斤粮食产能提升行动，实现"稳面积、提单产、提质量"目标任务，为保障粮食安全和全面推进乡村振兴形成了"德州方案"，打造了"德州模式"，提供了"德州路径"。本节系统分析了德州市"吨半粮"生产能力建设的发展态势、限制因素与实践路径，提出了如何全方位保障粮食安全、最大限度地挖掘粮食产能的思路与政策建议，供读者交流参考。

一、背景意义

粮食安全是"国之大者"，是关乎全局和长远的战略问题。党的十八大以来，以习近平同志为核心的党中央把粮食安全作为治国理政的头等大事，提出"确保谷物基本自给、口粮绝对安全"的新粮食安全观，实施"以我为主、立足国内、确保产能、适度进口、科技支撑"的国家粮食安全战略。党的二十大报告明确提出"全方位夯实粮食安全根基，全面落实粮食安全党政同责，牢牢守住十八亿亩耕地红线，逐步把永久基本农田全部建成高标准农田，深入实施种业振兴行动，强化农业科技和装备支撑，健全种粮农民收益保障机制和主产区利益补偿机制，确保中国人的饭碗牢牢端在自己手中"。目前，我国粮食生产稳定向好，多年延续丰收良好形势。国家统计局发布的数据显示，2022年全国粮食总产量13 731亿斤，比上年增加74亿斤，增长0.5％，粮食产量连续8年稳定在13 000亿斤以上。虽然我国粮食连年持续稳产丰产，但粮食安全仍然面临着严峻的数量风险、质量风险、结构风险、营养风险、国际贸易风险和种质资源风险，粮食安全形势总体来说仍然不容乐观。

山东省粮食总产位居全国第三，其中小麦玉米一年两熟种植模式对粮食总产贡献率超95%。德州市一直以来就是山东粮食生产至关重要的增长点和突破点，也是全国首个粮食整建制"亩产过吨粮、总产过百亿"的地级市，为深入贯彻落实"藏粮于地、藏粮于技"战略，2021年9月德州市启动"吨半粮"产能创建工作，相关工作得到省级以上政府部门及有关领导认可。2022省委1号文件和省政府工作报告，均特别提到大力发展粮食生产，确保粮食作物综合生产能力持续提升。2022年5月，山东省第十二次党代会报告提到，支持有条件的地方创建"吨半粮"县，确保全省粮食生产能力稳定在1 100亿斤以上。因此，基于德州市"吨半粮"生产能力建设工作的调研、考察和总结，研究分析德州市整建制谋划打造全国首个大面积"吨半粮"示范区的经验做法，推广"吨半粮"技术模式，创建新时代"德州丰产模式"，对于实现鲁北平原主要粮食作物全程全面高质高效生产，保障山东粮食持续增产具有十分重要的现实意义，可以为全国粮食主产区夯实粮食安全根基、坚定不移走中国特色粮食安全道路提供借鉴参考。

二、德州开展"吨半粮"产能创建的重要意义

（一）德州具备传统农业生产优势

德州市地处鲁北平原，一直以来就是"农业大市"，是山东粮食产业主战场，自古就有"天下粮仓"的美誉，明清时期是运河漕运的重要粮食集散地，是全国首个粮食整建制"亩产过吨粮、总产过百亿"的地级市，是全国5个整建制粮食高产创建试点市之一，总面积1.03万千米²，人口561万，粮食面积常年稳定在1 600万亩左右，产量75亿千克以上，占全国的1%、全省的1/6。

（二）德州粮食产能尚有潜力可挖

近年来，德州市小麦、玉米种植面积趋于稳定，稳定在1 600万亩左右，约占山东省小麦玉米种植面积的14%（图5-1），种植面积提升空间十分有限，此外，据统计德州市的小麦和玉米潜力产量分别约为每亩850千克和1 370千克，而目前实际单产分别约为每亩550千克和600千克，小麦、玉米仅实现了潜力产量的70%、45%左右（图5-2），小麦、玉米均有较大的增产潜力可挖掘，与此同时，德州市常年约有30万亩耕地小麦玉米周年单产达每亩1 500千克，180万亩耕地的可达每亩1 200千克，具备进一步攻单产、

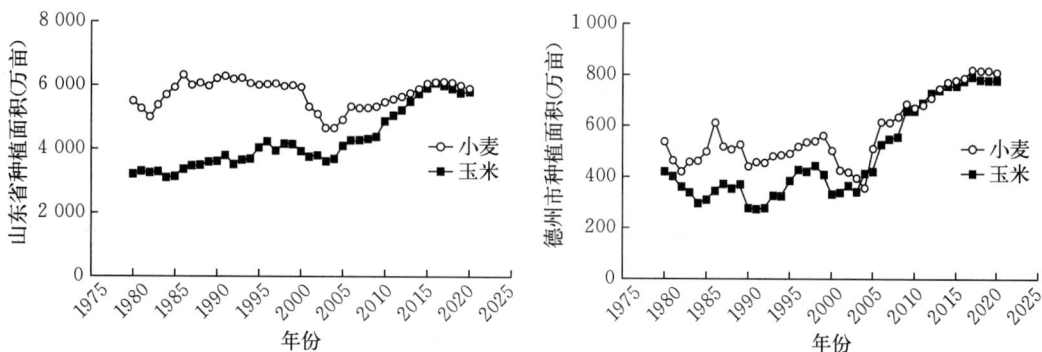

图5-1　山东省和德州市小麦、玉米种植面积情况

增总产的潜力。因此，在耕地面积资源紧缺的约束下，如何缩小产量差、提升小麦玉米周年单产水平，成为落实国家"新一轮千亿斤粮食产能提升行动"、夯实粮食安全基础所需攻克的首要难题。

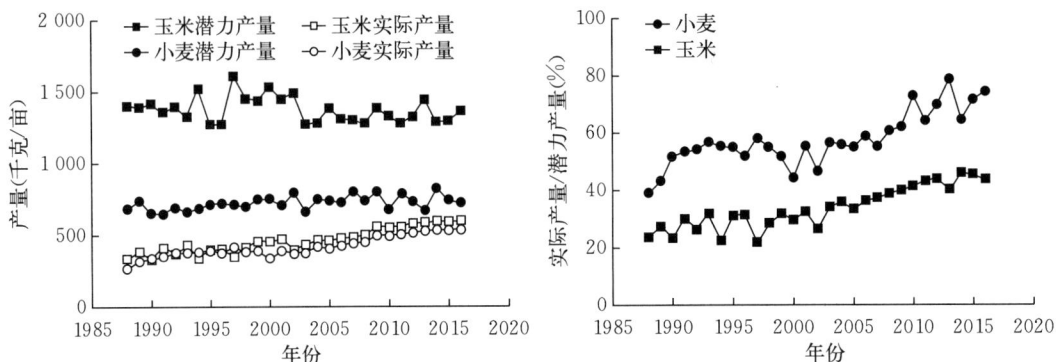

图 5-2　德州市小麦、玉米潜力产量和实际产量状况

（三）德州市开展"吨半粮"产能创建具有首创示范和典型引领意义

德州市率先开展"吨半粮"（小麦玉米周年单产达每亩 1 500 千克，其中小麦产量每亩 650 千克、玉米产量每亩 850 千克）生产能力建设，按照"因地制宜、科学规划、以点带面、梯次推进"的工作思路，分区域、分步骤实施"吨半粮"生产能力示范区建设。力争利用 5 年时间打造 120 万亩核心区，小麦玉米周年单产每亩 1 500 千克以上（小麦每亩 650 千克、玉米每亩 850 千克）；300 万亩辐射区，小麦玉米周年单产每亩 1 200 千克以上（小麦每亩 550 千克、玉米每亩 650 千克）；600 万亩带动区，单产每亩 1 100 以上（小麦每亩 500 千克、玉米每亩 600 千克），建成全国首个大面积"吨半粮"示范区。在粮食种植面积保持稳定前提下，预计总产提高 10 亿斤，达到 160 亿斤以上。德州市打造全国第一个大面积"吨半粮"示范区，具有重大的首创示范和典型引领意义，是深入贯彻习近平总书记重要指示精神、落实"藏粮于地、藏粮于技"战略的具体实践，是提高粮食产能、应对粮食生产压力的必然要求，是完善农业全产业链、打造"食品名市"的基础工程，可为坚定不移走好中国特色粮食安全道路提供"德州实践路径"。

三、德州市"吨半粮"产能创建的具体实践与成效

（一）部省联动、共同推进，开启整建制试点

德州市积极推动将"吨半粮"生产能力建设列入部、省共建方案，"吨半粮"示范区建设入选山东省委全面深化改革委员会改革品牌，写入山东省委 1 号文件和山东省第十二次党代会报告。2021 年 9 月，德州市人民政府与农业农村部种植业管理司、山东省农业农村厅签订《共同推进德州市吨半粮生产能力建设合作协议》，构建形成了部省市县乡村"六级联动"格局。2021 年 10 月，山东省人民政府、农业农村部出台《共同推进现代农业强省建设方案》，提出"支持德州市创建吨半粮市"。2022 年 5 月，山东省第十二次党代会报告将支持德州开展"吨半粮"生产能力建设列为重点工作。

（二）坚持"书记抓粮"，探索"怎么抓粮"的问题

德州市级层面成立由市委、市政府主要负责同志任"双组长"的创建领导小组，出台《关于开展"吨半粮"生产能力建设工作的意见》。邀请院士领衔的专家组论证建设方案，召开全市范围启动会，压实党政同责主体责任，科学有效、扎实推进"吨半粮"创建工作。将市县乡村四级书记抓乡村振兴的首位责任放在粮食安全上，落实四级书记"指挥田"，村抓样板田、镇抓示范方、县抓高产片、市抓核心区，四级书记一起抓，带头深入一线，真正把"指挥田"当成"责任田"，抓成"样板田"。

（三）突出科技增粮，解决"怎么种好粮"的问题

德州市大力实施"六大工程"：一是实施高标准农田提升工程，夯实产能基础保障；二是实施耕地地力提升工程，筑牢增产肥力根基；三是实施现代种业提升工程，保障良种有效供给；四是实施增产技术模式集成推广工程，强化增产技术支撑；五是实施现代农机装备提升工程，推进农机农艺融合；六是实施科技服务网络提升工程，推动关键技术研发应用。核心区集成推广"六统一"技术：统一供种、统一深耕、统一播种、统一配方施肥、统一病虫草害防治、统一管理。组建由院士或行业领军人才领衔的专家团队，形成"三个一"工作模式：一个工程、一个专家技术团队、一个行政服务团队。联合山东省小麦、玉米产业技术体系，开展"四个一"行动：每个专家组联系对接一个县、建立培植一处试验示范基地、示范推广一批新品种新技术、培训提升一批当地农技人才。织密"四张网"：产业技术协作网、"四新"（新品种、新技术、新产品、新机械）示范网、科技培训网、全产业服务网。

截至2023年，德州市累计建成高标准农田772.7万亩，占耕地面积的81.2%，2023年入选全国首批整地市级推进高标准农田建设试点名单。120万亩核心区实现秸秆还田率100%，测土配方施肥率100%，优良品种包衣率100%、生产全程机械化率100%。

（四）强化政策稳粮，解决"长效重粮"的问题

德州市多措并举，强化政策稳粮：一是加大考核督导力度，把创建"吨半粮"示范区列入县市区高质量发展综合绩效考核，制定考核奖励办法，开展"四不两直"督导力度；二是加大政策资金扶持，市、县每年安排专项资金2亿元推进"吨半粮"生产能力建设，建立政府支持引导、社会广泛参与的多元投入机制；三是强化宣传引导，市、县两级列支专项资金组织开展"粮王"大赛，营造"人人争粮王、户户粮丰收"的良好氛围，加强"吨半粮"产能创建宣传，推动工作深入开展。

（五）制定建设标准，解决"可复制可推广"的问题

一是制定"吨半粮"生产能力建设技术标准规范。山东省农业科学院牵头成立了小麦玉米"吨半粮"技术研发中心，并落地德州市齐河县。山东乡村振兴实践研究院组织起草的7个团体标准于2023年4月由山东省农学会发布实施，并已申请立项山东省地方标准。二是委托第三方评价。市、县"吨半粮"核心区测产工作统一委托山东省作物学会组织实施，以保证测产标准统一、评价科学公正，为党委政府部署开展"吨半粮"产能创建工作提供科学系统的第一手资料。三是探索整县域粮食产能评估。山东省农业科学院小麦玉米生理生态与栽培团队会同山东省作物学会对齐河县21万亩"吨半粮"核心区粮食产能现状和制约因素等进行了全面评估，开展了1 125点次的初测、96点次的抽测复测和实打，

获取了9 000余条产量标准信息，提出整县域"吨半粮"产能创建政策建议并布局开展实施，为整县域开展"吨半粮"产能创建工作提供实践路径和现实样板。

（六）深化全链兴粮，解决"粮食加工增值"问题

德州市积极做强粮食全产业链：一是立足"粮头食尾"，打造食品加工全产业链，省部共建"中国（德州）农业食品创新产业园"，让粮食在当地"吃干榨净"；二是立足"农头工尾"，释放84家农产品加工龙头企业活力，2022年全市农产品加工业营收突破1 100亿元，带动全市农民人均纯收入增长7.3%，增幅居全省首位。

（七）德州市"吨半粮"产能创建有经验、有成效

德州市通过明确"吨半粮"产能创建的政治地位、落实四级书记"指挥田"责任制、科技赋能粮食生产、突出考核机制"指挥棒"作用、制定"吨半粮"生产能力建设技术及评估标准、打造粮食加工全产业链等多措并举，"吨半粮"产能创建工作取得显著成效。一是粮食生产再创佳绩。2022年，全市粮食总产153.7亿斤，居全省第二，单产全省第一，粮食生产实现"十九连丰"。2023年，全市夏粮面积、单产、总产实现"三增"：播种面积815.53万亩，较2022年增加1.21万亩；单产471.87千克/亩，较上年增加3.76千克/亩，单产居全省第一；总产76.97亿斤，较上年增加0.73亿斤，总产居全省第二位，总产增量全省第一。二是德州全市"吨半粮"产能创建工作不断取得新突破。据测产分析和专家评价，2022年德州全市"吨半粮"核心区有超过50%的地块实现"吨半粮"目标，2023年德州全市"吨半粮"核心区增加至128万亩，全年有接近80%的地块实现创建目标。三是工作成效得到国家、省有关部门单位领导的肯定，全国"十佳农民"、全国"金豆王"等荣誉相继花落德州，山东省委、省政府也相继出台有关政策文件重要举措，明确提出支持德州市创建"吨半粮"市，支持德州市"吨半粮"生产能力建设。

四、尚存制约因素

德州市在粮食高产创建遇到的一些制约因素，既有共性问题、又有个性问题，既涉及政策层面、也涉及落实层面。具体表现在以下方面。

（一）土地规模化水平偏低，经营管理模式粗放

一是农业生产专业化程度有待提升。德州市农村土地流转面积占承包地面积的47.6%，一家一户的小农生产方式还较为普遍，规模化生产还有很大提升空间。比如禹城市梁家镇全镇从事土地流转的粮食种植经营主体130个，流转土地面积1.7万亩，平均土地经营面积仅170亩。比如乐陵市2023年种粮农户约9.6万户，种粮面积176万亩，种粮大户、家庭农场、农业合作社及新型农业经营主体共1 190个，种粮面积约15.6万亩，小农户仍然是粮食种植的主体。二是农业生产管理能力略显不足。大部分农户文化水平较低，比如乐陵市普通农户中，学历以初中及以下为主，约占83%，高中中专学历的仅占16%，文化程度偏低造成对新技术掌握不足，对市场行情把握不够。再比如平原县一种粮大户承包土地700余亩，但是缺乏经营管理，仍采用粗放式经营方式，在今年种植过程中因雨情、旱情叠加，导致土地管理不过来，种植效益不高。

（二）单产提升有短板，科技支撑能力需提升

在德州市粮食种植面积难以扩增的前提下，提高小麦玉米周年单产是唯一途径，但单

产的提升存在短板。一是耕地负担过重、健康状况令人担忧。长期以来，德州市小麦玉米一年两熟高产田普遍存在着高复种、高投入、重用轻养的现象，耕作方式简单、耕层变浅、秸秆还田不科学、养分管理不当，造成肥料利用率不高、有机质下降，土地极度疲劳。其中，耕层厚度大部分在 18～20 厘米，低于全国 21.6 厘米的平均厚度，部分土壤污染日趋加剧、土壤酸度提高、生物活性减弱、盐渍化趋势显现。二是水资源承载能力不足。德州市年平均降水量不到 600 毫米，小麦、玉米两季最高耗水接近 1 000 毫米，水资源总量不足且时空分配不均，加上经济社会发展水资源消耗大及用水方式粗放等问题，导致供需矛盾更加突出，难以满足粮食生产特别是"吨半粮"产能创建的水分需求。三是品种杂乱多，规模化粮食高产技术有待进一步完善。"吨半粮"核心区测产发现，小麦、玉米品种杂乱多，334 个测产样点涉及玉米品种 114 个，占比最多的前三位依次是登海 605、农大 372、沃玉 3 号，分别占样点总数的 22.75%、11.08% 和 5.69%，其余 111 个品种占 60.48%（其中 99 个品种占比不到 1%），能够稳定实现超吨粮的品种少之又少，且本土作物品种严重缺乏。同时，适应规模化生产条件的高产超高产精简集约化生产技术还需进一步完善，智能化农机与作物生产的农艺措施还需深度结合并进行广泛应用。

（三）粮食生产成本增加，粮食收益持续降低

2023 年夏粮减产，收购价格较往年有所回落，种粮大户等新型经营主体普遍收益较低或者亏本不盈利，具体表现在：一是土地经营规模小。近年来，德州市通过土地流转、土地托管等方式发展起来的新型农业经营主体成长较快，但规模普遍较小，63% 的家庭农场经营规模在 100 亩以下，其小麦玉米周年生产的规模也就略高于 110～130 亩的盈亏平衡点。二是粮食种植的各项成本增加。2021 年以来，农资、人工、管收等环节的投入成本持续增加，极大地压缩了种植利润空间，从而影响农民的种粮积极性。据禹城市一种粮大户反映，2023 年人力成本、农资价格、土地租金上涨幅度分别约为 20%、20%、5%。三是农民种粮积极性有待提高。目前，农田的收入不是家庭的主要收入，农民对粮食生产尤其对高产的意识淡薄，粮食生产三产融合度较低，粮食产业链发展较弱，农民种粮效益差，有待进一步扩大生产规模、提升技术效率、提高粮食生产综合效益。

（四）种粮保障机制不健全，政府支持力度不够

粮食生产具有很强的基础性，公益性和弱质性，政府资金投入是粮食生产绿色高质高产的重要保障，但目前在这一方面也存在不少问题。一是农业补贴标准相对偏低。农民获得农业补贴所得收益非常有限。比如禹城市种粮大户反映，小麦直补由 2022 年的 136 元/亩降至 125 元/亩，下降 8%，种粮补贴由 2022 年 22.5 元/亩降至 11.25 元/亩，下降 50%，仅补贴部分就减少 6 万元。二是新型农业经营主体面临资金压力。规模经营、购置农资和大型农机设备等资金投入量较大，经营主体抵押、担保能力有限，资金短缺导致主体购买机械设备、扩建农业配套场地信心不足，制约其发展壮大。同时，受农业保险政策要求的限制，农业保险理赔时间长、到账慢、保障水平低，新型农业经营主体对保险赔付的认可度低，农业保险在促进农业生产中的作用发挥不明显。此外，中央财政虽拨付一定的资金用于支持农业生产，但是对于实施主体在改善生产条件，提升规模化、绿色化、标准化、集约化生产能力方面来说，效果不明显，作用还是"杯水车薪"。例如，中央农业发展资金（新型农业经营主体提升和培育资金）下达的资金有限，再加上必须完成的绩效目标考核任务，补贴给实施主体的扶持资金达不到总投资 30%，有时也就是 10%，分配给每个项目实施主体的扶持资金也就是几万元。三是粮食主产区利益补偿不足。粮食主产区作为保障我国粮食安全的稳定器，是实现粮食稳产保供的关键。粮食主产区经济发展基础较弱，经济增长水平、人均财政收入、人均可支配收入等总体上都远低于经济基础更好的粮食主销区，"粮财倒挂"矛盾普遍尖锐，粮食主产区由于承担粮食保供任务，导致机会成本增大，推进高附加值产业发展的能力受限。粮食主产区往往都是经济落后地区，需要政府加大转移支付，弥补资金缺口。四是基层财政困难，支持力度有限。以德州市为例，受新冠疫情影响，在大规模减税降费，土地出让收入持续下滑的情况下，全市各级财力异常紧张，财政收支矛盾更加突出，财政支出压力巨大，土地收入用于农业农村支出显著减少，仅靠市县财政扶持，难以实现推动农业高质量发展的目标要求。

（五）农业基础设施落后，社会化服务急需加强

一是水利基础设施陈旧。水利设施是农业的命脉。调研发现，德州市的水源主要来自黄河水，有效灌溉面积仅占耕地面积的 71.4%，近 30% 的耕地面积受到水源的限制，农业灌溉难是粮食稳产增产的重要制约因素，但现实中由于基层财政财力有限，有些水利基础设施年久失修，满足不了现代农业的发展。规模经营土地灌溉是最大的难题，灌溉基础设施陈旧且不配套，国家投入的农业基础设施利用率不高。二是农田基础设施不完善。调研发现，德州市高标准农田建设投资在 1 200～1 500 元/亩，存在总量少、亩均投入低、工程管护薄弱等问题，仍需进一步完善和提升。三是先进农业机械不够。调研发现，德州市的粮食生产机械化程度很高，但是机械的装备先进性还不够，整地、播种、管护、收获等现有机械作业水平与先进机械相比还有较大差距。四是储粮难问题突出。调研发现，当前，农户自存粮食比例超过五成，储粮设施简陋、管理不科学，受返潮霉变、虫害虫蚀等影响，粮食储存损失严重。

五、思考启示与对策建议

德州市率先开展的大面积"吨半粮"生产能力建设工作具有重大的首创示范和典型引领意义，如何将德州市"吨半粮"生产能力建设有效实践模式总结好、提炼好、借鉴好乃至推广好，在面对粮食面积已处于历史高位、耕地和水资源约束趋紧等背景下，实现"稳面积、提单产、提质量"目标任务，最大限度地提升粮食生产潜能，具有很好的现实意义。本部分内容通过总结提炼德州市"吨半粮"生产能力建设的有效做法和成功经验，分析研究德州市粮食高产创建面临的共性难题，提出了以下对策建议，可供其他粮食主产区参考借鉴。

（一）生产层面

一是创新管理机制。探索实行"行政推动、项目带动、技术集成、企业参与、专家领军、农技唱戏"为农服务的运作机制，借助"吨半粮"生产能力建设实践，构建多元互补、高效协同的农技服务与推广体系。二是推进土地适度规模经营。围绕解决一家一户办不了、办不好，效率低、效益低等问题，以"百村示范"工程为引领，借助党支部领办创办合作社等方式稳步提高粮田规模化、集约化、机械化、标准化水平。三是推进社会化服务。创新规模化经营运行机制，构建供销发展集团＋村支部领办合作社＋农户以土地托管、土地股份制为基础的联农带农规模化经营运行模式，健全完善全过程、全环节、全方位生产性服务体系，积极探索解决"谁来种地，如何种地"问题的有效途径。四是强化"节粮减损"。建设覆盖全域的为农服务中心，切实解决粮食烘干、储粮难的问题。以德州市为例，全市仅齐河县就投资 5 亿元，共建设 16 处粮食产后服务中心，建设 5 000 吨以上智能化恒温粮仓 38 座、粮食烘干塔 33 座，新增粮食储备能力 19 万吨、日烘干能力超 1 万吨，在全国产粮大县中率先实现烘干仓储设施乡镇全覆盖，可实现粮食从地头直接烘干入库，年节粮减损可达 7 000 吨以上。

（二）科技层面

一是广泛引进智力资源，持续提供源头技术支撑。注重联合大院大所大企业，以共建技术研发与转化平台为依托，建立专家技术服务团队，加快高质高效新品种、新技术、新产品的研发和转化。二是注重科技推广服务，实现粮食生产全天候技术保障。建立健全农技推广服务体系，充分发挥农业社会化服务组织体系健全、服务完善的优势，建立"线上＋线下"服务模式，架牢小农户和现代农业有机衔接的桥梁，提高科技服务的时效性、针对性和有效性。三是发展高水效农业，减少化肥农药投入，促进绿色农业发展。围绕肥沃耕层构建和地力提升的要求，发展高水效农业，正确制定用水策略，发展节水灌溉，提高灌溉水利用率；坚持农田用养结合，建立科学的作物轮作与土壤培肥耕作制度，构建肥沃耕层，提升土壤肥力，增强肥水保蓄供给能力；发展循环农业，优化调整秸秆连年全量还田制度，实行平衡施肥，实行水肥一体化管理，发展智能自动控制系统，加强减肥节水减药绿色生产技术的应用，促进绿色农业发展。四是构建适度经营规模农作制度，提升农机装备水平，提高劳动生产率和农作效益。扩大新型农业经营主体的经营规模，加快由小规模（100～200 亩）向中小型规模（500～1 000 亩）、中大型规模（1 000～2 000 亩）以及大型规模（2 000 亩以上）逐步提升转化，提升规模化的超吨粮田建设水平；提升农机装备水平，提高大中型农机占比，提高全程机械化率，加快精准智能化农机装备与控制系统的发展；加快农机农艺配套和标准化生产技术的研发和应用，实现粮食生产的精简化，推进我国家庭农场、合作社由量向质的转变。

（三）政策层面

一是建议调整产粮大市高质量发展考核政策。在农业区域分工不断深化背景下，粮食主产区作为保障我国粮食安全的稳定器，是实现我国粮食稳产保供的关键。以考核产粮大市为国家贡献优质粮数量为主要考核目标，提高产粮大市粮食总产量在高质量发展考核中的比重，推动粮食主产区和产粮大市聚焦粮食生产这一核心目标、集聚核心资源全力发展粮食产业。二是建议严格落实产粮大市奖补政策。加大中央、省级财政对产粮大市一般性财政转移支付力度，将中央财政转移支付与产粮大市、产粮大县上缴国家储备粮数量挂钩，统筹农业生产发展资金以及乡村振兴项目资金等向产粮大市倾斜。同时建议国家对粮食主产区在税收分享政策方面给予一定倾斜和优惠，以德州市 2022 年为例，若上缴税收降低 10 个百分点，地方政府可增加可用财力近 10 个亿，用于保障粮食生产的资金供给能力将大大增强。三是建议持续加大对产粮主产区的扶持力度。以德州市为例，全市年产粮食总量中调出量占比 80％左右，仅仅 20％左右是用来满足本地城乡居民消费需求。因此，建议完善粮食主产区利益补偿机制，探索粮食产销区多渠道的利益补偿办法，按照"谁受益，谁补偿"的原则，由中央政府、各级粮食调入区政府、粮食调入区占用耕地单位等多元主体共同承担补偿责任，以产粮市县粮食种植面积、总产量、调出量为综合考量依据分配补偿资金；鼓励以国家投入为主、粮食主销区为辅设立粮食安全保障基金，提高向粮食主产区粮食产业发展的投资能力，形成"吃粮拿钱、调粮补贴"的良性机制，促进粮食产销区之间的利益均衡。四是建议全方位健全粮食生产主体的收益保障机制。可借鉴发达国家的实践经验，建立价格、补贴、保险"三位一体"的收益保障机制，从价格保底、生产补贴和农业保险3个层面完善政策体系，将补贴从流通领域向生产领域倾斜，探索创新粮食直接补贴发放形式，改善"种粮者担风险、承包者得补贴"的现象，让真正种粮的农民能够享受到粮食补贴，形成由内而外、由硬件到软件的保障体系。同时，在落实支农惠农政策性资金方面，应坚持政府主导，市场为辅，要充分发挥有为政府的主导作用，辅以有效市场的调节功能，建立健全建、管、用、护一体化运作机制，确保财政扶持资金使用精准性、增强时效性、提高效益性。

德州市"吨半粮"生产能力建设做法及经验，可以为其他粮食主产区提供启示、思考与借鉴，本节所涉及内容均为调研走访、整理汇总、分析研究、总结归纳所得来，不一定全部适用于其他粮食主产区，请读者理性参考，难免有不足之处，敬请读者批评指正。

第四节　整县域夯实粮食安全根基的实践与思考
——以山东省德州市齐河县为例

粮食安全是"国之大者"。党的十八大以来，以习近平同志为核心的党中央高度重视粮食安全，始终把解决好吃饭问题作为治国理政的头等大事。党的二十大报告指出："全方位夯实粮食安全根基，牢牢守住十八亿亩耕地红线，确保中国人的饭碗牢牢端在自己手中。"这为我们如何准确把握世情国情粮情规律，走好中国特色粮食安全之路，提供了根本遵循，指明了前进道路。产粮大县是我国粮食安全保障体系的重要组成部分，肩负着保障国家粮食安全的重任，具有普遍的示范和借鉴意义。山东省德州市齐河县作为全国产粮大县，在整县域谋划打造绿色"黄河粮仓"、转变方式创新发展"齐河模式"方面具有成功的做法和丰富的经验，这为如何在全国县域层面夯实粮食安全根基，坚定不移走中国特色粮食安全道路，提供了借鉴与参考。

一、齐河县粮食生产概况

齐河县位于山东省德州市最南端，与省会济南市隔黄河相望，总面积 1 411 千米^2。2021 年该县同步入选全国绿色发展、投资潜力、科技创新、新型城镇化百强县，分列第 35 位、第 20 位、第 19 位、第 35 位；先后入选 2021 年度山东省高质量发展先进县、国家农业现代化示范区、山东省现代农业十强县、山东省文旅康养十强县、山东省生态文明十强县。齐河县耕地面积 126 万亩，常年粮食种植面积 220 万亩，粮食总产常年保持在 22 亿斤以上，占德州市粮食总产量的 14％以上，是山东省 5 个 20 亿斤超级产粮大县之一，素有"绿色黄河粮仓"之称、"中国小麦之乡"之美誉，是"华夏第一麦"的重要产出地。齐河县也是农业农村部粮食高产创建、绿色增产模式攻关、粮食绿色高产高效创建示范区建设的发源地，是粮食高产创建指导思想结出丰硕成果之地。

2012 年开始，齐河县连续多年刷新全国大面积小麦、玉米单产纪录，成为引领全国粮食生产的一面旗帜。2021 年，德州市在全国提出建设首个"吨半粮"示范区（小麦、玉米产量两季合计单产达到 1 500 千克），齐河县提出 2022 年实现 20 万亩"吨半粮"产能，到 2024 年实现 50 万亩"吨半粮"产能，全力打造全国首个"吨半粮"示范县。2022 年，该县"吨半粮"20 万亩核心区小麦最高亩产 811.6 千克，刷新历史纪录，荣登央视《新闻联播》；小麦单产每亩 693.91 千克、玉米单产每亩 852.42 千克，标志着该县实现了 20 万亩大面积集中连片"吨半粮"的生产能力，为创建全国首个"吨半粮"示范县奠定了扎实基础。全国春季农业生产现场会、全国农机防灾救灾应急作业服务队授旗揭牌仪式、全国农业绿色发展先行先试支撑体系建设工作会议、全国旱作节水农业技术培训会议相继在该县召开，初步总结探索整县域夯实粮食安全根基的"齐河方案"。

二、齐河县夯实粮食安全根基实践与成效

（一）强化组织领导，抓牢主体责任

齐河县实行粮食安全行政首长责任制，将粮食生产情况纳入年度乡村振兴战略考核指标体系，形成一级抓一级、层层抓落实的责任体系，保证粮食生产工作的扎实开展。该县全面落实"书记抓粮、党政同责"要求，按照县级干部和乡镇党政正职不少于 1 000 亩，乡镇班子成员和管区、村党支部书记不少于 100 亩的标准，设立县、乡、管区、村四级"指挥田"13 万亩，实行县级干部包乡镇、乡镇干部包管区、管区干部包村、村干部包地块责任制，确保粮食生产各项措施落实落地。

（二）强化农田建设，提升产能基础

2008 年以来，齐河县委、县政府坚持"农田就是农田，而且必须是良田"的思想，抓牢耕地要害，加快高标准农田建设，提升农田基础设施水平。创新性提出了要人给人、要钱给钱、要政策给政策的"三要三给"指导思想，按照既定规划蓝图，整合资源，地毯式推进，阶段式提升。2014 年，20 万亩核心区全年两季单产达到 1 502.3 千克，在全国率先实现 20 万亩"吨半粮"。2016 年，时任副总理汪洋在全国春季农业生产现场会议上对齐河县开辟融资新渠道、开展大方田建设的做法给予高度评价。2017 年，齐河县联合山东省农业科学院小麦玉米生理生态与栽培创新团队在焦庙镇集中打造万亩"山东粮丰"核心示范区。2021 年，该县入选国家现代农业产业园创建名单，累计投入 12 亿多元，建成 80 万亩高标准农田建设示范区，覆盖 10 个乡镇 786 个村，建成了"田成方、林成网、路相通、渠相连、旱能浇、涝能排、地力足、灾能减、功能全"的高标准农田九大配套体系，是全国面积最大、标准最高的粮食绿色优质高产高效示范项目。2023 年，齐河县投资 2.6 亿元新建 10.4 万亩高标准农田，建成后高标准农田达到 120.82 万亩。

（三）强化机制创新，增添高产动力

一是创新管理机制，坚持"行政推动、项目带动、技术集成、企业参与、专家领军、农技唱戏"的运作机制，充分利用"吨半粮"生产能力建设这一载体和平台，加强部门联合、协作攻关，形成了全县合力推动粮食生产的工作格局。

二是推进土地适度规模经营，围绕解决一家一户办不了、办不好，效率低、效益低的

问题，以"百村示范"工程为引领，成立县级农村土地股份制合作社建设领导小组，以调研促动、百村联动等措施，实现全县新建土地股份制合作社 100 余家，全县粮食综合托管率达 91%。

三是推进农业社会化服务，推广"供销社＋国企＋乡镇联合社＋党支部领办合作社＋新型经营主体＋农户"联农带农模式，培育社会化服务组织 586 家，"点线面"结合培育新型农业经营主体 3 000 余家，全面推行"八统一"服务，年社会化服务面积 900 万亩次，主要农作物全程机械化率 100%。

（四）强化科技支撑，健全农技服务体系

一是做好产学研合作三篇文章，该县先后与山东乡村振兴实践研究院、山东省农业科学院、山东农业大学、袁隆平农业高科技股份有限公司等大院大所大企业合作，开展小麦、玉米创新实验示范基地建设，共建小麦玉米周年"吨半粮"技术研究中心，集成组装小麦"七配套"、玉米"七融合"绿色高质高效标准化技术模式，绿色优质高效技术推广到位率达到 100%，在充分实践，总结提炼基础上，联合制定小麦玉米"吨半粮"生产能力建设技术规范系列标准，旨在为小麦玉米产能提升提供指导性规范性意见。创新性委托山东省作物学会开展全县"吨半粮"生产能力建设项目小麦玉米周年产量评估工作，累计完成 1 125 点次的初测、96 点次的抽测复测和实打，获取了 9 000 余条产量标准信息，探明了该县小麦、玉米产量状况及挖潜路径。

二是建立健全县乡村三级服务体系，该县累计投资 6 000 余万元，建成了 1 处县农业技术推广中心和 15 处乡镇（街道）农技推广服务站，设立了 104 个农村社区党政管理服务中心，对全县 240 名农技推广人员实行"盯村包户"，实现每万亩农田拥有 2 名专业技术推广人员，构建起了"以县级为龙头、以乡镇为主导、以村级为根基"上下联动、高效运转的三级农技推广体系。

三是创新农技推广三种形态，通过集中建设田间学校、创建县基层农技推广信息化应用平台、健全农业科技、信息、金融、保险服务体系等措施，培育社会经营性服务组织 168 家。

四是强化科技培训三股力量，通过成立县级讲师团，依托农广校主阵地，利用传统和新型媒体宣传作用，加大科技培训力度。全县年开展培训 200 余场，培训农民 5 万余人次，专题培训新型职业农民达 1 000 余人，发放农技资料 10 万余份，开设专家讲座 100 余期。

（五）强化方式转变，推动绿色增产

针对如何丰富发展绿色生产方式内涵，齐河县总结提炼出具有该县特色的"两化、一控两减、一提升"绿色生产模式。

一是推进粮食生产标准化和品牌化，齐河县在全国率先制定发布了小麦、玉米质量安全生产和社会化服务 2 个标准综合体县市规范，与中国农业科学院共建小麦、玉米质量标准中心，建设了全国最大的（80 万亩）绿色食品原料（小麦、玉米）标准化生产基地，注册了"齐河小麦""齐河玉米""华夏一麦"等 3 个地理证明商标。

二是控水减肥减药，齐河县围绕控水、控肥、控药"三控"目标，集成推广"全环节"绿色高质高效生产技术模式，实现节水 20%、肥料投入量减少 15%、农药使用量减少 15%。

三是提升耕地质量，作为国家农作物秸秆综合利用试点县，齐河县 100 万亩小麦、玉米连续实施秸秆精细化全量还田技术，实施秸秆精细化全量深耕还田 18.9 万亩，带动全县秸秆综合利用率达到 97% 以上，土壤有机质含量提升 0.1 个百分点。

（六）强化减损增粮，保障丰产丰收

为解决种植户粮食烘干、储粮难的问题，齐河县投资 5 亿元建设 16 处粮食产后服务中心，建设 5 000 吨以上智能化恒温粮仓 38 座、粮食烘干塔 33 座，新增粮食储备能力 19 万吨，储备规模达到 60 万吨，日烘干能力超 1.08 万吨，在全国产粮大县中率先实现烘干仓储设施乡镇全覆盖。积极推行粮食代烘干、代加工、代储存、代清理、代销售"五代"服务，实现粮食从地头直接烘干入库，年节粮减损 7 000 吨以上。加强机收减损作业技术培训，全县小麦、玉米收获环节损失率分别降到 0.8% 和 1.5% 以下，分别低于国家规定作业质量标准 1.2 个和 2 个百分点，全年可节粮 3 万吨。

（七）强化防灾减灾，建立联动机制

齐河县整合应急管理、气象、水利、生态环境等部门力量，不断健全应急保障体系。针对恶劣气候条件、病虫害等自然灾害，制定防灾减灾应急预案。植保部门通过智能化监测设备开展病虫害调查，结合历年病虫害发生资料、气象资料等及时发布《病虫情报》和病虫害防治技术意见，通过实施三级包保责任制，即镇包管区、管区包村、村包农户，切实将病虫发生情况通知到位。2022 年，该县投入 1 700 余万元实施了 30 万亩小麦抗逆保穗和"一喷三防"全覆盖统防统治项目，启动"防灾减灾夺秋粮丰收行动"，切实打好"防灾减灾、虫口夺粮"的攻坚战。

三、县域层面开展粮食高产创建的思考与认识

（一）加强组织领导是前提

要始终坚定政治站位，把粮食生产作为农业农村工作首要任务，列为"一把手"工程。一是主要领导要亲自挂帅，坚持书记抓粮，把"指挥田"抓成"责任田"。二是严格落实党政同责，党委政府会议要经常专题研究，积极争取政策、资金、项目支持，上下一致、协同作战。三是坚持目标导向，强化责任意识，聚焦宣传发动、组织体系建设、规划设计编制、"六大工程"建设、"六统一"技术落实等重点工作，把粮食高产创建列入经济社会发展综合考核指标体系，加大督导力度，发挥好督导考核"指挥棒"作用。

（二）加大资金投入是保障

农业特别是粮食生产具有很强的基础性、公益性和弱质性，没有真金白银的投入，实现粮食绿色高产就是一句空话，在这其中，农业项目和专项资金具有重要的引导和激励作用。要加大在地力提升、良种覆盖、农机装备和技术集成创新方面的投入，持续加大投入高标准农田建设，坚持新建与提升并重，分类分区域大规模开展高标准农田建设和提质改造，整县域扎实推进高标准农田建设，这是夯实粮食安全根基的重中之重。另外，利用"政府主导、国企注资"模式建设覆盖全县的粮食产后服务中心，解决粮食烘干、储粮难的问题；加大对农民合作社、家庭农场和服务组织的扶持力度，全面提升农业规模化经营和社会化服务水平；开展"粮王"大赛活动，投入资金进行奖励，让种粮不仅有收益还有荣誉，进一步激发农民的种粮热情。

（三）加强机制创新是动力

提升粮食生产能力最明显的短板是农民缺乏组织化、农业缺少专业化，极度分散的农户生产与现代农业规模化经营极不适应。因此，迫切需要创新体制机制，为持续提升粮食生产能力提供坚实保障。一是创新管理机制，实行"行政推动、项目带动、技术集成、企业参与、专家领军、农技唱戏"的运作机制，通过强化部门联合、协作攻关，形成合力推动粮食生产的工作格局。二是创新规模化经营运行机制，探索构建基于土地股份制的联农带农规模化经营运行模式，强化组织保障的同时，保障了农民利益，有利于粮食产业长期健康发展。

（四）强化科技兴粮是支撑

科技贡献率低和"人才空心化"越来越成为制约县域粮食生产能力提升的关键因素。要深入实施"藏粮于技"战略，一是要广泛引进智力资源，持续提供源头技术支撑。注重联合大院大所大企业，以设立院士工作站，共建技术研发中心、产业技术研究院等平台为依托，建立由院士或产业技术体系专家领衔的技术服务团队，落实专家指导和农技人员包片制度，实践"三田合一"技术优化模式，加快小麦、玉米高质高效新品种、新技术、新产品的研发和推广，为粮食绿色可持续生产夯实技术源头。二是要注重科技服务，为粮食安全保驾护航。政策推动持续强化农技推广服务能力提升，建立健全县域农技推广服务体系，打造"知名专家、机关干部、农技人员、村干部"协同联动机制，实现粮食生产全天候技术保障；充分发挥农业社会化服务组织体系健全、服务完善的优势，建立"线上＋线下"服务模式，架牢小农户和现代农业有机衔接的桥梁，提高科技服务的针对性和实效性；同时，加强种粮大户、家庭农场主、合作社负责人等新型职业农民培训，实现先进实用技术到村到户。三是要充分借力新型研发机构创新载体优势，不断增添发展"新动能"。加强与已有新型研发机构的合作交流，借助其整合创新要素资源的平台作用，构建起政府与高校科研院所、企业之间的制度性通道，借力吸引更多项目资源，引入高层次专家学者，建立重要科研创新和成果转化平台，聚焦地区农业发展制约因素，以推动科技资源加速集聚为抓手，着力破解制约本地区农业发展的难题。四是要着眼农业信息化，为粮食高产创建"数字赋能"。数字农业是农业现代化的高级阶段，是创新推动农业农村信息化发展的有效手段，也是我国由农业大国迈向农业强国的必经之路。齐河县粮食生产水平较高，但智慧化生产发展相对滞后，生产要素周年优化配置、智能耕种管控、"智慧粮田"实时监测与对策分析等数字化技术应用度不高，严重限制了该县粮食产业规模化、集约化发展。建议产粮大县不要仅追求粮食高产，更要瞄准未来加快粮食产业数字化发展步伐，与科研院校合作创建县级农业信息化应用平台，加快农业物联网技术应用，借助云计算、物联网、大数据、5G、VR等技术，打通粮食生产作业全要素，贯穿耕种管收全环节，提高生产作业精准度和效率，降低生产成本，实现提质增效。加快智能农机装备与技术推广应用，实现田间作业机械化、信息化、智能化，减少人工投入，打造粮食生产耕种管收高效协同和全流程精准化的"智慧粮田"。

（五）加大产粮大县奖补力度是保障

确保国家粮食安全是产粮大县义不容辞的责任，产粮大县在国家粮食安全战略中的地位不可替代，为国家粮食安全作出了重要的贡献。齐河粮食产业存在的一些问题值得深入思考：一是产粮大县的转移支付不足，利益补偿机制有待完善。为保障国家粮食等重要农产品的有效供给，产粮大县将大量的劳动力、水土资源投入农业生产，这就使得二、三产业发展空间受到限制，产粮大县难以兼顾粮食安全的国家责任与地方经济社会发展目标。二是国家对于粮食主产区、产粮大县已有的奖补政策总量规模有限，远远不足以弥补其为保障国家粮食安全而付出的机会成本。三是粮食补贴对粮食生产的激励作用有限，仍需优化。现行的粮食补贴政策中的直接补贴分为脱钩补贴和挂钩补贴，补贴发放方式具有普惠性、补贴标准偏低，补贴对粮食生产的激励作用有限，直接补贴中的耕地地力保护补贴仍然采用"按地补贴"的做法，农民只要有承包地，不论种什么，种多少，甚至不种，都可以享受补贴，而通过土地流转真正种粮的新型经营主体却得不到这部分补贴，背离了发展粮食生产的激励目标。

作为产粮大县，齐河县在发展粮食生产中面临的问题既具有代表性，也具有普遍性，这些问题的有效解决事关我国乡村振兴和粮食安全大局。一是建议调整产粮大县高质量发展考核政策，以考核产粮大县为国家贡献优质粮数量为主要考核目标，提高产粮大县粮食总产量在高质量发展考核中的比重，推动其聚焦核心目标、集聚核心资源全力发展粮食产业，这是解决问题的关键举措之一。二是建议严格落实产粮大县奖补政策，应加大中央、省级财政对产粮大县一般性财政转移支付力度，确保人均公共财政保障水平不低于全省（市、区）平均数，统筹农业生产发展资金、农业资源及生态保护资金、高标准农田建设资金等，推动乡村振兴项目资金向产粮大县倾斜。以齐河县为例，2021 年齐河县获产粮大县奖励资金 5 000 多万元，这些资金远不足以支撑当年全县农业发展投入，政府还需调配其他财政资金填补农业发展资金缺口。三是建议持续加大对产粮大县的扶持力度，完善粮食主产区和产粮大县利益补偿机制。要树立沃土良田也是金山银山，沃土良田也是稀有资源的概念，按照"谁受益，谁补偿"的原则，由中央政府、各级粮食调入区政府、粮食调入区占用耕地单位等多元主体共同承担补偿责任，以产粮大县粮食种植面积、总产量、调出量为综合考量依据分配补偿资金。四是建议优化粮食补贴政策，借鉴发达国家的实践经验，逐步退出农业价格支持政策，增加直接补贴，将补贴从流通领域转向生产领域，保护粮食生产者利益，探索创新粮食直接补贴发放形式，让真正种粮的农民能够享受到粮食补贴，持续增加适度规模经营补贴，使补贴资金能够真正对粮食规模化生产发挥激励作用。五是以建设国家农业现代化示范区为契机，切实加大粮食产业类国家农业现代化示范区建设支持力度，坚持延伸产业链、提升价值链、打造供应链，实现"粮头食尾、农头工尾"，形成一二三产业融合发展的农业全产业链融合发展格局，补齐产粮大县经济社会发展短板，把粮食资源优势转化为产业优势和经济优势。

县域经济是国民经济的基础层次，县域经济的强弱直接影响着国民经济的实力和兴衰。其中，县域粮食经济作为县域经济的重要组成部分，是国家粮食经济发展的单元细胞，是国家粮食安全的核心。因此，着重调动县级层面重农抓粮保安全的积极性，最大限度地挖掘县域粮食生产潜力，对保障国家粮食安全战略和全面推进乡村振兴具有十分重要的意义。本节通过深入剖析齐河县整县域夯实粮食安全根基的工作实践和成效，以期归纳、分析、提炼出可供参考或推广应用的经验做法，为各级党委政府和有关部门、单位提供决策依据。

附　　录

小麦玉米"吨半粮"生产能力建设技术规范
第1部分：基本规范与产地环境要求
（T/SAASS 102.1—2023）

1　范围

本文件规定了小麦玉米"吨半粮"生产能力建设基本规范和产地环境要求。

本文件适用于山东省冬小麦-夏玉米一年两熟地区生产。

2　规范性引用文件

下列文件中的内容通过文中的规范性引用而构成本文件必不可少的条款。其中，注日期的引用文件，仅该日期对应的版本适用于本文件；不注日期的引用文件，其最新版本（包括所有的修改单）适用于本文件。

GB 5084　农田灌溉水质标准

GB/T 33469—2016　耕地质量等级

GB 50288　灌溉与排水工程设计标准

GB/T 50363　节水灌溉工程技术标准

NY/T 849　玉米产地环境技术条件

NY/T 851　小麦产地环境技术条件

NY/T 2148　高标准农田建设标准

3　术语和定义

下列术语和定义适用于本文件。

3.1

吨半粮　22.5 t/hm² yield of wheat-maize annual production

冬小麦、夏玉米轮作种植模式下实现周年产量不低于22.5 t/hm²（1.5 t/667 m²）。

3.2

核心区　core area

能够实现冬小麦-夏玉米周年产能22.5 t/hm²的成方连片、基础条件较好区域。

4　基本规范

4.1　基本原则

坚持"行政＋科技＝生产力"的思路，按照"技术先进、高产高效、生态环保、经济可持续"的原则建设核心区，因地制宜、科学规划、整体推进、分步实施。

4.2 产量基础

冬小麦、夏玉米周年轮作种植是当地的主要种植制度，且 70% 的地块周年产能可达 16 500 kg/hm²。

4.3 生产要素

核心区应实现规模化生产或社会化服务全覆盖，全程机械化率不低于 99%，耕地质量等级达到 GB/T 33469—2016 规定的四等以上，灌溉保证率不低于 85%，种子、肥料、农药等生产资料供应有保障。

4.4 科技要素

核心区应为"吨半粮"生产能力建设提供人才、技术、产品、信息等科技要素保障，农业科技贡献率不低于 80%，主导品种、主推技术覆盖率不低于 95%。

5 产地环境

5.1 产地选择

产地地势平坦、集中连片、设施完善，土体厚度在 100 cm 以上，无明显夹沙层或夹沙砾层等障碍层次。产地环境技术条件应符合 NY/T 849 和 NY/T 851 的要求。

5.2 气候条件

光热资源丰富，光照充足，年平均日照时数 2 000 h 以上，年有效积温（10 ℃以上）4 000 ℃以上，年平均降水量 550 mm 以上，平均无霜期 200 d 以上。

5.3 土壤条件

土壤肥沃，通透性好，耕作层深度不低于 25 cm，有机质含量不小于 15 g/kg、全氮不小于 1.3 g/kg、有效磷不小于 35 mg/kg、速效钾不小于 130 mg/kg。

5.4 灌溉条件

水源充足，灌溉系统完善。灌溉水质符合 GB 5084 的要求，管道配备应符合 NY/T 2148 的要求。因地制宜选择防渗渠道、管道输水灌溉、喷灌、微喷灌等节水灌溉工程模式；采用地面灌溉时，田间沟、畦应符合 GB 50288 的要求。灌溉水利用系数应不低于 GB/T 50363 的要求。

小麦玉米"吨半粮"生产能力建设技术规范
第2部分：核心区与示范方建设
（T/SAASS 102.2—2023）

1 范围

本文件规定了小麦、玉米"吨半粮"生产能力建设的核心区、示范方的规划及建设规范等内容。

本文件适用于山东省冬小麦-夏玉米一年两熟地区生产。

2 规范性引用文件

下列文件中的内容通过文中的规范性引用而构成本文件必不可少的条款。其中，注日期的引用文件，仅该日期对应的版本适用于本文件；不注日期的引用文件，其最新版本（包括所有的修改单）适用于本文件。

GB 5084 农田灌溉水质标准

GB 15618 土壤环境质量标准 农用地土壤污染风险管控标准（试行）

NY/T 2148 高标准农田建设标准

3 术语和定义

下列术语和定义适用于本文件。

3.1

核心区 core area

能够实现 22.5 t/hm^2 小麦-玉米周年产能的成方连片、基础条件较好区域，一般面积在 1 万亩以上。

3.2

示范方 demonstration field

核心区内集中优势资源重点打造的成方连片、基础设施完善、交通便利的示范田，一般面积在 1 千亩以上。

3.3

减垄增地 reduce the ridge to increase land

冬小麦季通过播前整地，小畦变大畦、大垄变小垄或去垄化种植，增加畦面宽度，减少畦垄（埂），扩大有效种植面积，提高产量。

3.4

高低畦种植 high and low bed planting

播种小麦前，利用机械将土地整形为高低两个畦面交替分布、实现全田无埂种植的技术。

4　核心区

4.1　地块选择

地势平坦，排灌良好，成方连片，机耕路通过性好，地头长度在 200 m 以上，土体厚度在 100 cm 以上，无明显夹沙层或夹沙砾层等障碍层次。灌溉水质应符合 GB 5084 的要求，土壤重金属含量指标应符合 GB 15618 的要求。

4.2　田间工程技术指标

4.2.1　土地平整

田块的大小依据地形进行调整，原则上小弯取直，大弯随弯，集中连片。地面地表平整度（100 m×100 m）小于或等于 5 cm，横向和纵向地表坡降（500 m）均为 1/800～1/500，应符合 NY/T 2148 的要求，平整土地形成的田坎宜合理采用石、混凝土、砖、土体夯实或植物坎等方式保护。因地制宜推广高低畦种植、"减垄增地"和水肥一体化无垄种植技术。

4.2.2　培肥地力

实施秸秆还田、增施有机肥、增施生物肥、合理耕作等技术措施，改善土壤理化性质，提高土壤肥力。

4.2.3　灌溉与排水

按照小麦玉米灌溉需求，配套沟渠、泵站、机井、输水管道、输变电设备等水源设施，灌溉渠与排水沟建设应符合 NY/T 2148 的要求，宜实施管道输水灌溉、喷灌、微灌等高效节水灌溉工程建设和水肥一体化设施建设。水源工程质量保证年限宜不小于 15 年。田间水系及建筑物配套完好率宜不低于 95%，井灌工程的井、泵、输变电设备等配套率宜达到 100%、灌溉保证率 85% 以上，灌溉水利用系数不低于 0.85。

4.2.4　田间道路

合理确定路网密度，配套机耕路、生产路，修筑机械下田坡道等附属设施。机耕路满足当地机械化作业的通行要求，机耕干道应满足农业机械双向通行要求，设计时速不低于 20 km/h，机耕支道应满足农业机械单向通行要求，合理设置必要的错车点和末端掉头点。生产路宽度一般不超过 3 m，大型机械化作业区可适当放宽。生产路的路面高出地面 30 cm。每两条机耕道间布设一条生产路。

4.2.5　农用输配电

农用供电建设包括高压线路、低压线路和变配电设备。低压线路采用低压电缆，设置标志，地埋线铺设在冻土层 1 m 以下。变配电设施可采用配电室、地上变台或杆上变台形式。地上变台安装时，变压器外壳距地面建筑物的净距离不小于 0.8 m；变压器装设在杆上时，无遮拦导电部分距地面不小于 3.5 m，变压器的绝缘子最低瓷裙距地面高度小于 2.5 m 时，宜设置高于 1.5 m 的固定围栏。

4.2.6　信息化建设

因地制宜建设物联网平台及信息化系统，合理设置智能农田气象站，有条件的地区可与土壤墒情监测系统、苗情监测系统、虫情监测系统共同组成农业四情监测系统。

5 示范方

5.1 田间工程技术指标

5.1.1 土地平整

按4.2.1执行。

5.1.2 培肥地力

按4.2.2执行。

5.1.3 灌溉与排水

按照小麦玉米灌溉需求，配套沟渠、泵站、机井、输水管道、输变电设备等水源设施，灌溉渠与排水沟建设应符合NY/T 2148的要求，宜实施管道输水灌溉、喷灌、微灌等高效节水灌溉工程建设和水肥一体化设施建设。水源工程质量保证年限宜不小于20年。田间水系及建筑物配套完好率宜不低于98%，井灌工程的井、泵、输变电设备等配套率宜达到100%、灌溉保证率85%以上，灌溉水利用系数不低于0.85。

5.1.4 田间道路

按4.2.4执行。

5.1.5 农用输配电

按4.2.5执行。

5.1.6 标识牌

在示范方便于观摩位置设立标识牌，蓝底白字，内容宜包含位置信息、品种名称、产量目标、管理技术要点、责任人、建设单位、日期等内容，尺寸根据内容合理确定。

6 技术服务体系建设

6.1 良种技术服务

每个示范方配套设置一个品种展示区，展示区交通便利便于组织观摩，面积不小于3.3 hm²，每年展示小麦、玉米品种个数分别不少于20个，为核心区、示范方品种选择提供依据。

6.2 农机技术服务

核心区、示范方有农机合作机构，具有农机维修服务能力，提供全覆盖服务，农机手和农机修理工按要求参加培训，提高服务技能。

6.3 生产技术服务

按照5万亩服务能力建设为农服务机构，提供肥料、种子、农药等农资产品保障服务，有农技推广队伍，培植壮大社会化服务主体，开展小麦、玉米周年生产、运输、烘干、储存等技术服务。

6.4 防灾减灾

提高自然灾害预报预警和灾害自救能力。发挥各类植保机构作用，实施小麦"一喷三防"、玉米"一喷多促"，防治病虫草害，降低损失。

小麦玉米"吨半粮"生产能力建设技术规范
第3部分：机械化生产
（T/SAASS 102.3—2023）

1　范围

本文件规定了小麦、玉米"吨半粮"生产能力建设机械化生产中耕整地、品种选择、播种、田间管理、收获、秸秆处理等主要作业环节及机械化生产技术规范、配套农机具及注意事项。

本文件适用于山东省冬小麦-夏玉米一年两熟地区生产。

2　规范性引用文件

下列文件中的内容通过文中的规范性引用而构成本文件必不可少的条款。其中，注日期的引用文件，仅该日期对应的版本适用于本文件；不注日期的引用文件，其最新版本（包括所有的修改单）适用于本文件。

GB 4404.1　粮食作物种子　第1部分：禾谷类

GB 8321（所有部分）　农药合理使用准则

GB/T 15671　农作物薄膜包衣种子技术条件

GB 16151.12　农业机械运行安全技术条件　第12部分：谷物联合收割机

GB/T 21962　玉米收获机械

GB/T 24675.2　保护性耕作机械　深松机

GB/T 25415　航空施用农药操作准则

NY/T 496　肥料合理施用准则　通则

NY/T 499　旋耕机　作业质量

NY/T 500　秸秆粉碎还田机　作业质量

NY/T 739　谷物播种机械作业质量

NY/T 742　铧式犁作业质量

NY/T 995　谷物（小麦）联合收获机械　作业质量

NY/T 1628　玉米免耕播种机　作业质量

NY/T 1876　喷杆式喷雾机安全施药技术规范

NY/T 2624　水肥一体化技术规范　总则

NY/T 2914—2016　黄淮冬麦区小麦栽培技术规程

SL 207　节水灌溉技术规范

DB37/T 1428　玉米秸秆还田与小麦全程机械化生产技术规程

3　术语和定义

下列术语和定义适用于本文件。

3.1

减垄增地　reduce the ridge to increase land

通过冬小麦播前整地使小畦变大畦、大垄变小垄或平作种植，增加畦面宽度，减少畦垄（埂）数量，扩大有效种植面积，提高产量。

3.2

扩行缩株增密　enlarge row spacing and reduce plant spacing of maize to increase planting density

玉米种植过程中，与常规栽培相比通过增加行距、缩小株距的方式来增大玉米栽培密度。

4　小麦机械化生产技术规范

4.1　备播技术

4.1.1　品种要求

选用高产、稳产、抗逆性强的优良小麦品种。种子质量应符合 GB 4404.1 的要求。

4.1.2　种子处理

小麦种子应进行包衣处理。种衣药剂使用应符合 GB 8321 的要求，实现对苗期土传病害、地下害虫和蚜虫等虫害的预防，包衣质量应符合 GB/T 15671 的要求。

4.1.3　整地

玉米秸秆精细还田，秸秆粉碎作业质量应符合 NY/T 500 的要求。耕地选用旋耕、深耕或深松结合的耕作方式。两年旋耕第三年进行深耕或深松，应深耕 25 cm 或深松 30 cm 以上，破除犁底层，作业质量应符合 NY/T 742、GB/T 24675.2 的要求，翻耕后再用联合整地机或旋耕犁进行耕耙、镇压整平，使得耕层土壤上松下实；最近 3 年内深耕或深松过的地块，可旋耕 2 遍，耕深不小于 15 cm，作业质量应符合 NY/T 499 的要求。明显不平整的地块，应在耕地前进行激光平地机整平，然后再进行常规耕整地。

4.1.4　施肥

有机肥应按照农艺要求用撒肥机均匀撒在地表，结合整地翻耕入土，种肥在施肥播种时作一次性施入，肥料施用应符合 NY/T 496 的要求。追肥时间应根据品种特性、作物长势和地力确定，宜使用水肥一体化技术追施，应符合 NY/T 2624 的要求。

4.1.5　种植模式

小麦种植的畦宽、行数及行距，以及田间管理机械行走道的设置，应适合当地常规机械化作业配置，同时满足农艺要求。推荐采用小麦减垄增地种植模式，宜采用大畦，在地面平整、水量丰沛的区域要适当扩大畦面宽度至 6 m 以上；可选用水肥一体化设施进行灌溉和后期养分补给，实现水肥同步管理。

4.2　播种

4.2.1　播种期

以播种至越冬期 0 ℃以上积温 550 ℃~600 ℃为宜。小麦适宜播种期是 10 月 10 日—20 日，适宜播种期内足墒播种。

4.2.2　播种量

在适宜播种期内，基本苗 225 万/hm²～375 万/hm²。分蘖成穗率高的中、多穗型品种，基本苗 225 万/hm²～270 万/hm²；分蘖成穗率低的大穗型品种，基本苗 270 万/hm²～375 万/hm²。适宜播种期之后，每晚播 1 d，增加基本苗 7.5 万/hm²～15 万/hm²，基本苗不能超过 450 万/hm²～480 万/hm²。具体播种量计算应按照 NY/T 2914—2016 中 5.2.3 的规定执行。

4.2.3　播种方式

选用小麦精量播机播种，作业时宜配置北斗导航辅助驾驶系统。行距 20 cm～25 cm，行距大小应与下茬玉米播种规格相匹配，设计行距应保证玉米满足播种行距为 60 cm～65 cm，且免耕播种时应避开小麦茬口的要求，两边预留行兼小麦田间管理机械行走道。小麦田间管理机械轮距宜为 120 cm～180 cm。播种深度 3 cm～4 cm，覆土率不小于 98%，播种质量应符合 NY/T 739 的要求，播种时宜采用小麦播前播后二次镇压技术，同位限深。

4.3　田间管理

4.3.1　镇压

可选择在冬前和春季起身前依据土壤墒情、苗情长势等进行机械镇压。

4.3.2　灌溉

宜采用节水灌溉方式，可采用水肥一体化滴灌系统、软管牵引绞盘式和钢索牵引绞盘式移动喷灌机以及固定式喷灌机、自走式喷灌机等，灌溉应按照 SL 207 的规定执行。

4.3.3　植保机械化作业

采用机动（喷杆式）喷雾机、植保无人机等机具。植保机械化作业应按照 NY/T 1876、GB/T 25415 的规定执行。

4.4　适时收获

蜡熟末期收获，籽粒颜色接近本品种固有光泽，宜使用秸秆粉碎和抛撒效果好、并配置北斗导航辅助驾驶系统的纵轴流谷物联合收获机，收获机械应符合 GB 16151.12 的要求，留茬高度不高于 15 cm，秸秆粉碎长度不长于 15 cm，秸秆切碎合格率不低于 90%，并均匀抛撒。收获作业质量应符合 NY/T 995 的要求。

5　玉米机械化生产技术规范

5.1　备播技术

5.1.1　品种选择

宜选用高产、耐密、适宜机械化、抗逆性强的优良玉米品种。种子质量应符合 GB 4404.1 的要求。

5.1.2　种子处理

选用经过包衣处理的商品种，播种前，根据当地病虫害发生情况，可进行二次包衣，包衣应符合 GB/T 15671 的要求。

5.2　播种

5.2.1　播种期

小麦收获后，立即进行免耕贴茬播种。

5.2.2 密度

紧凑型品种种植密度 75 000 株/hm²～82 500 株/hm²，大穗型品种种植密度 72 000 株/hm²～75 000 株/hm²。

5.2.3 播种规格

采用 60 cm～65 cm 等行距播种，株距根据种植密度确定；有条件的地区可采用"扩行缩株增密"的播种方式，行距 75 cm～80 cm。播种深度 3 cm～5 cm。

5.2.4 播种方式

宜选用玉米免耕种肥精准同播技术播种。按照 5.2.3 确定的行宽播种，种肥同播分层施肥，种肥水平与垂直间隔均为 8 cm～10 cm，播种作业质量应符合 NY/T 1628 的要求。

5.3 田间管理

5.3.1 水肥管理

墒情不足时，播种后及时浇水。拔节期、大喇叭口期宜采用水肥一体化技术进行追肥，应符合 NY/T 2624 的要求。

5.3.2 病虫草害防治

根据土壤墒情情况，于播后苗前或 3 叶～5 叶期选用机动（喷杆式）喷雾机进行杂草防控；于 10 叶～12 叶期进行"一防双减"飞防作业防治病虫害，施药作业应按照 NY/T 1876、GB/T 25415 的规定执行。

5.3.3 化控防倒

宜于 6 叶～8 叶期选用机动（喷杆式）喷雾机或植保无人机进行化控作业，化控药剂宜选用 30％乙烯-胺鲜酯 450 mL/hm²，施药作业应按照 NY/T 1876、GB/T 25415 的规定执行。

5.4 适期收获

5.4.1 收获时期

玉米籽粒基部与穗轴连接处出现黑层、乳线消失时适期收获。玉米籽粒含水率小于 28％时采用籽粒机收获，否则应采用摘穗机收获。

5.4.2 机械选择

根据籽粒含水率选用配置北斗导航辅助驾驶系统的联合收获机进行果穗收获或籽粒收获，收获机械及作业质量应符合 GB/T 21962 的要求。

5.5 秸秆处理

玉米秸秆宜采用联合收获机自带粉碎装置粉碎，粉碎后秸秆长度不长于 10 cm，玉米茬不高于 8 cm，切碎合格率不低于 90％。秸秆粉碎作业质量应符合 NY/T 500、DB37/T 1428 的要求。

小麦玉米"吨半粮"生产能力建设技术规范
第4部分：耕层地力提升与科学施肥

（T/SAASS 102.4—2023）

1　范围

本文件规定了"吨半粮"生产能力建设耕层地力提升与科学施肥的原则、技术要求和耕作档案事项。

本文件适用于山东省冬小麦-夏玉米一年两熟地区。

2　规范性引用文件

下列文件中的内容通过文中的规范性引用而构成本文件必不可少的条款。其中，注日期的引用文件，仅该日期对应的版本适用于本文件；不注日期的引用文件，其最新版本（包括所有的修改单）适用于本文件。

GB 5084　农田灌溉水质标准

GB/T 18877　有机无机复混肥料

GB 20287　农用微生物菌剂

GB/T 23348　缓释肥料

GB/T 30600　高标准农田建设　通则

GB/T 33469　耕地质量等级

NY/T 496　肥料合理使用准则　通则

NY/T 500　秸秆粉碎还田机　作业质量

NY/T 525　有机肥料

NY 609　有机物料腐熟剂

NY 884　生物有机肥

NY/T 1118—2006　测土配方施肥技术规范

NY/T 1121　土壤检测

NY/T 1334　畜禽粪便安全使用准则

NY/T 1868　肥料合理使用准则　有机肥料

NY/T 2911　测土配方施肥技术规程

HG/T 4365　水溶性肥料

DB37/T 1636　夏玉米施肥技术规程

DB37/T 4483　小麦-玉米周年养分资源综合管理规范

3　术语和定义

下列术语和定义适用于本文件。

3.1

耕层地力　soil fertility of cultivated layer

在当前管理水平下，由土壤立地条件、自然属性等相关要素相互作用表现出来的可耕种土壤层的生产能力。

4　基本原则

4.1　用养结合

持续实行增产培育措施，保持并稳步改良土壤物理、化学、生物性状，提升耕层基础地力，保障耕层的可持续生产能力。

4.2　有机培肥

主要通过秸秆还田、施用有机肥、保护性耕作等措施，稳步提高耕层土壤有机质含量。

4.3　平衡施肥

按照"氮肥总量控制，磷钾平衡补充，钙、镁、硫、锌及微量元素因土补缺"的原则，根据土壤养分供应能力、作物需肥特性和肥料效应，实行周年平衡施肥。

5　耕层地力的诊断

5.1　诊断指标

诊断指标包含土壤物理性质（耕层厚度、土壤质地、土壤容重、团聚体、田间持水量）和土壤化学性质（pH、阳离子交换量、有机质、全氮、全磷、全钾、碱解氮、有效磷、速效钾、交换性钙、交换性镁、有效硫、有效硼和有效锌、交换性盐基总量）等。

5.2　土壤样品采集

按照 NY/T 2911 的规定执行。

5.3　土壤样品制备与检测

按照 NY/T 1121 的规定执行。

5.4　诊断方法

参照 GB/T 30600 和 GB/T 33469 的规定，确定耕层农田土壤分级指标（附录 A）、土壤质地分级类型（附录 B）。

6　耕层地力提升

6.1　秸秆还田

6.1.1　小麦秸秆粉碎还田

小麦秸秆采用覆盖还田，秸秆粉碎质量应符合 NY/T 500 的要求。小麦秸秆残茬高度不高于 15 cm，秸秆粉碎长度不长于 15 cm，切碎合格率不低于 90%，抛撒均匀度不小于 80%；按照碳氮比（25~30）:1 适量增施氮肥，施用腐熟剂 2 kg，加速秸秆腐熟。秸秆腐熟剂应符合 GB 20287 和 NY 609 的要求。

6.1.2　玉米秸秆粉碎还田

玉米秸秆采用翻压还田，秸秆粉碎质量应符合 NY/T 500 的要求。玉米秸秆残茬高度不高于 8 cm，秸秆粉碎长度不长于 10 cm，切碎合格率不低于 90%，还田深度不低于 25 cm，地表裸露秸秆不大于 5%，地表平整。玉米收获后尽快翻压还田，翻压前施用腐熟剂，按照碳氮比（25～30）：1 适量增施氮肥，加速秸秆腐熟。秸秆腐熟剂应符合 GB 20287 和 NY 609 的要求。

6.1.3 玉米秸秆堆沤还田

有条件的地区宜采用秸秆打捆机将玉米秸秆打捆回收，加入适量畜禽粪便、发酵微生物菌剂、其他肥料等进行堆沤发酵腐熟后还田。堆沤时物料应混匀，秸秆含水率在 60% 左右。堆沤还田应符合 NY/T 1868 的要求。

6.2 增施有机肥

6.2.1 商品有机肥

商品有机肥的质量应符合 NY/T 525、NY 884 的要求。商品有机肥的用量应根据耕层土壤有机质含量确定，有机质含量不小于 20 g/kg 的土壤，宜施用商品有机肥 1 500 kg/hm² ～ 2 250 kg/hm²；有机质含量 12 g/kg～20 g/kg 的土壤，宜施用商品有机肥 2 250 kg/hm² ～ 3 000 kg/hm²。宜在冬小麦整地前作为基肥施用，使用应符合 NY/T 496、NY/T 1868 的要求。

6.2.2 厩肥

厩肥的质量应符合 NY/T 525、NY/T 1334 的要求，使用应符合 NY/T 1868 的要求。

6.2.3 生物有机肥

生物有机肥的质量应符合 NY 884 的要求。生物有机肥的用量可以参考 6.2.1 的用量。作基肥时可撒施后翻压入土，作种肥时可与化肥混合种肥同播。避免与碱性肥料或杀菌剂同时施用，使用应符合 NY/T 1868 的要求。

6.2.4 复合肥料

有机无机复混肥料的质量应符合 GB/T 18877 的要求。作基肥时可撒施后翻压入土，作种肥时可种肥同播。周年用量为 1 200 kg/hm² ～ 2 400 kg/hm²，应避免与种子直接接触，宜深施，使用应符合 NY/T 496、NY/T 1868 的要求。

6.3 合理耕作

小麦播前宜深翻耕整地，耕深 25 cm～30 cm，将地表残茬等翻埋入土，无重耕或漏耕，耕深及耕宽变异系数不大于 10%，犁沟平直，沟底平整，垡块翻转良好、扣实；玉米宜免耕贴茬直播。小麦播前有条件的地方实现"两年旋耕第三年深耕"的耕作制度。耕深可以逐年加深，改善土壤耕层结构，打破犁底层。

7 科学施肥

7.1 施肥量的确定

依据 NY/T 1118—2006 规定的养分平衡法，按照 DB37/T 1636、DB37/T 4483 的规定，根据小麦玉米的目标产量、单位产量的养分需肥量（养分系数）、土壤供肥量、当季肥料利用率等因素计算。肥料养分施用量按公式（1）执行。

$$F = \frac{Y \times D \times 0.01 - S}{f \times T} \quad\quad\quad\quad (1)$$

式中：

F——施肥量，单位为千克/公顷（kg/hm²）；

Y——目标产量，单位为千克/公顷（kg/hm²）；

D——生产 100 kg 籽粒养分吸收量（养分系数），单位为千克/千克（kg/kg）；

S——土壤供肥量，单位为千克/公顷（kg/hm²）；

f——肥料中养分含量，单位为千克/千克（kg/kg）；

T——为肥料当季利用率，单位为百分号（%）。

注：目标产量、土壤供肥量、肥料利用率等参数参照 DB37/T 1636。当季肥料利用率是指小麦季或玉米季吸收利用的养分占该季施用肥料中该养分总量的百分比，因土壤类型、土壤状况、作物品种、肥料种类、气候条件、农艺措施的不同而有所差异。一般有机肥当季利用率约为 20%，氮素化肥当季利用率为 35%～45%，磷素化肥当季利用率为 15%～25%、钾素化肥当季利用率为 45%～50%。生产 100 kg 籽粒养分吸收量和推荐肥料用量参见附录 C。

7.2　肥料类型

有机肥主要包括商品有机肥或厩肥或生物有机肥，化学肥料主要包括氮肥、磷肥、钾肥等单质肥料和复混肥料。宜选用尿素、碳酸氢铵、过磷酸钙、硫酸钾等。缓控释肥应选用肥料养分释放速率缓慢，释放期较长，在作物的整个生长期可以满足作物生长需求的肥料，缓控释肥应符合 GB/T 23348 的要求。

7.3　冬小麦施肥

7.3.1　土壤墒情

整地前小麦农田土壤足墒，耕层土壤含水量达到田间持水量的 70%～80%，墒情不足应进行造墒。灌溉水质应符合 GB 5084 标准。

7.3.2　施肥方法

7.3.2.1　基肥

有机肥、缓控释氮肥、磷肥、钾肥、硫酸锌肥作为基肥全部施入，速效氮肥施入全量的 40%～50%。可使用机械抛撒的方式撒至田间，进行旋地播种，旋地深度 15 cm～20 cm。

7.3.2.2　种肥

种肥同播，种肥位于种子的斜下方，施肥深度 8 cm～12 cm，横向 5 cm～7 cm。

7.3.2.3　追肥

在拔节初期，结合灌溉追施氮肥，施用量为总氮肥量的 50%～60%，宜选用速效氮肥。基肥使用缓控释肥的地块在抽穗扬花期结合降雨或灌溉进行适量追肥。

7.3.2.4　叶面肥

小麦扬花期至灌浆期，喷施微量元素叶面肥以及浓度为 0.2%～0.5% 的磷酸二氢钾。

7.4　夏玉米

7.4.1　土壤管理

小麦收获后，免耕贴茬直播，土壤湿度低于田间持水量的 70% 时，播后灌溉。

7.4.2　施肥方法

7.4.2.1　种肥

种肥同播，种肥水平与垂直距离间隔 6 cm～10 cm，横向 8 cm～10 cm。有条件的采用分层施肥，施肥深度上层 8 cm～10 cm 下层 20 cm～25 cm，横向 8 cm～10 cm，上下层肥料用量比例为 1∶2。

7.4.2.2　追肥

在大喇叭口期，追施总氮量的 20％～30％，宜采用水肥一体化设施进行，水溶肥使用应符合 HG/T 4365 的要求。也可采用沟施或穴施，施肥深度不小于 5 cm，苗肥距离 10 cm～15 cm。

7.4.2.3　叶面肥

结合玉米"一防双减"，可叶面喷施浓度为 0.2％～0.5％的磷酸二氢钾。

附 录 A

（规范性）

耕层农田土壤分级指标

耕层农田土壤分级指标见附表 A.1。

附表 A.1　耕层农田土壤分级指标

指标	高			中			低		
	一等	二等	三等	四等	五等	六等	八等	九等	十等
有机质，g/kg	>20			12～20			<12		
全氮，g/kg	>2.0			1.0～2.0			<1.0		
全磷，g/kg	>1.0			0.6～1.0			<0.6		
全钾，g/kg	>25			15～25			<15		
碱解氮，mg/kg	>200			100～200			<100		
有效磷，mg/kg	>25（酸性土壤）、>30（中性和石灰性土壤）			15～25（酸性土壤）、15～30（中性和石灰性土壤）			<15（酸性土壤）、<15（中性和石灰性土壤）		
速效钾，mg/kg	>150			80～150			<80		
交换性钙，mg/kg	>1 000			400～1 000			<400		
交换性镁，mg/kg	>120			50～120			<50		
有效硫，mg/kg	>25			16～25			<16		
有效硼，mg/kg	>1.0			0.5～1.0			<0.5		
有效锌，mg/kg	>2.0			1.0～2.0			<1.0		
pH	6.5～7.5			5.5～6.5、7.5～8.5			4.5～5.5、≥8.5		
土壤容重，g/cm³	1～1.25			1.25～1.45			<1.0、≥1.45		
盐碱化程度	无			轻度			中度、重度		
耕层厚度，cm	>30			15～30			<15		

附　录　B

（规范性）

土壤质地分级类型

土壤质地分级类型见附表 B.1。

附表 B.1　土壤质地分级类型

项目	物理性黏粒（<0.01 mm）含量,%								
	0～5	6～10	11～20	21～30	31～45	46～60	61～75	76～85	>85
类型	沙土			壤土			黏土		
	松沙土	紧沙土	沙壤土	轻壤土	中壤土	重壤土	轻黏土	中黏土	重黏土

附 录 C

（资料性）

生产 100 kg 籽粒养分吸收量与推荐肥料用量

生产 100 kg 籽粒养分吸收量与推荐肥料用量见附表 C.1。

附表 C.1 生产 100 kg 籽粒养分吸收量与推荐肥料用量

作物	产量水平 (Y) kg/hm²	生产 100 kg 小麦、玉米籽粒的养分吸收量，kg			推荐肥料用量，kg/亩		
		N	P_2O_5	K_2O	N	P_2O_5	K_2O
小麦	7 500<Y≤8 250	2.90	1.10	2.10	187～240	120～200	120～133
	8 250<Y≤9 750	2.85	1.00	2.00	190～244	126～210	123～136
	Y>9 750	2.80	1.00	2.00	193～249	132～220	126～140
玉米	9 000<Y≤9 750	2.27	0.95	2.14	180～231	85～110	104～174
	9 750<Y≤12 750	2.19	0.92	2.04	185～237	90～115	106～177
	Y>12 750	2.15	0.92	2.04	192～248	95～120	108～180

小麦玉米"吨半粮"生产能力建设技术规范
第5部分：病虫草害综合防控
（T/SAASS 102.5—2023）

1　范围

本文件规定了小麦、玉米"吨半粮"周年生产病虫草害的防控原则及防控方法。

本文件适用于山东省小麦-玉米一年两熟地区生产中病虫草害的综合防控，其他自然生态要素与本区域相似的小麦、玉米高产栽培区病虫草害的综合防控也可参照使用。

2　规范性引用文件

下列文件中的内容通过文中的规范性引用而构成本文件必不可少的条款。其中，注日期的引用文件，仅该日期对应的版本适用于本文件；不注日期的引用文件，其最新版本（包括所有的修改单）适用于本文件。

GB 4404.1　粮食作物种子　第1部分：禾谷类

GB/T 8321（所有部分）　农药合理使用准则

GB/T 15671　农作物薄膜包衣种子技术条件

GB/T 24689.2　植物保护机械　杀虫灯

GB/T 25415　航空施用农药操作准则

GB/T 27614　生物防治物和其他有益生物的输入和释放准则

NY/T 1166　生物防治用赤眼蜂

NY/T 1276　农药安全使用规范　总则

DB37/T 2599　杀虫灯使用技术规程

3　术语和定义

下列术语和定义适用于本文件。

3.1

综合防控　integrated prevention and control

根据有害生物种群动态和有关环境条件，协调运用各种适当防治技术的植物保护措施。

3.2

功能植物　functional plant

能在农林生态系统中发挥害虫调控生态功能的一类植物。

3.3

一喷三防　one spraying and three prevention

是在小麦生长期使用杀虫剂、杀菌剂、植物生长调节剂、叶面肥、微肥等混配剂喷雾，达到防病虫害、防干热风、防倒伏，确保小麦增产的一项关键技术措施。

4 要求

4.1 防控原则

贯彻"预防为主，综合防治"的植保方针，遵循"绿色植保、公共植保"理念，防早防小。通过监测预报，根据小麦、玉米病虫草害的发生量、危害情况及当地的条件，选择其中一种或几种有效的方法进行防治。综合采用农业、物理、生物和化学防控方法有效控制小麦、玉米病虫草害发生量与危害程度在防治指标之下。

4.2 农业防治

4.2.1 种植抗病品种

种子应符合 GB 4404.1 的要求，选用对当地主要病虫害抗性较好品种，加强种子检疫，严禁调入和使用带检疫对象的种子。

4.2.2 耕作控害

至少每 3 年深翻 1 次，深度 25 cm 以上，降低田间病虫草群体基数。

4.3 化学防控

4.3.1 选药原则

所用化学药剂应符合 GB/T 8321 和 NY/T 1276 的要求，选择登记药剂，严格按照药品推荐用量，注意药剂交替使用。

4.3.2 小麦种子处理

针对小麦茎基腐病、纹枯病、根腐病、腥黑穗病、散黑穗病、全蚀病等，杀菌剂可选用咯菌腈、苯醚甲环唑、戊唑醇等。针对蚜虫、红蜘蛛、金针虫等，杀虫剂可选用吡虫啉、噻虫嗪、噻虫胺等。种植处理时根据当地主要病虫害种类选用单剂、复配药剂包衣或拌种。包衣条件应符合 GB/T 15671 的要求。

4.3.3 小麦冬前地下害虫防控

针对金针虫、地老虎或者蝼蛄等地下害虫危害重的麦田，翻耕或浇水前撒施辛硫磷颗粒剂。

4.3.4 小麦冬前化学除草

小麦 3 叶后且最低温度 5 ℃以上，针对播娘蒿、荠菜、猪殃殃等阔叶杂草为主的麦田，选用二甲四氯钠＋氯氟吡氧乙酸或双氟磺草胺＋氯氟吡氧乙酸等药剂组合喷雾防治；针对节节麦，选用甲基二磺隆防治；针对雀麦、看麦娘、野燕麦等禾本科杂草，选用炔草酯＋氟唑磺隆等药剂组合喷雾防治。科学选用以上药剂。

4.3.5 小麦返青拔节期化学防控

小麦拔节前结合植物生长调节剂化控，茎基腐病、纹枯病等根茎部发病严重田块，用戊唑醇、噻呋酰胺、井冈霉素、丙环唑等重点喷淋小麦植株根基部进行防治。小麦红蜘蛛用阿维菌素、联苯菊酯等喷雾防治。苗期蚜虫发生较重的年份，用高效氯氟氰菊酯、吡蚜酮、吡虫啉等喷雾防治。科学组配以上药剂一次混合喷雾施药防治，麦田杂草较多的田块化学除草施药方法同 4.3.4。

4.3.6　小麦中后期化学防控

小麦扬花期或扬花前，杀菌剂、杀虫剂、叶面肥、植物生长调节剂等搭配专用高效助剂，实施"一喷三防"作业。5 d～7 d后，若蚜虫、麦叶蜂量偏大，用高效氯氟氰菊酯、吡蚜酮、吡虫啉喷雾防治；一代黏虫可用高效氯氟氰菊酯喷雾防治；锈病和白粉病可用三唑酮、戊唑醇等喷雾防治；赤霉病可用吡唑醚菌酯、氰烯菌酯、丙硫菌唑等喷雾防治。病虫混合发生时可采用以上药剂混合施药二次防治。

4.3.7　玉米种子处理

针对玉米纹枯病、丝黑穗病、茎基腐病，杀菌剂选用咯菌・精甲霜、精甲・咯・嘧菌等。针对蛴螬、蝼蛄、金针虫、小地老虎、二点委夜蛾等地下害虫，以及苗期蚜虫、蓟马等，杀虫剂选用吡虫啉・氟虫腈、溴酰・噻虫嗪等。根据病虫发生情况确定单剂、复配药剂包衣或拌种。包衣条件应符合GB/T 15671的要求。选购质量合格的包衣种子或者进行二次包衣处理。

4.3.8　玉米播后苗前杂草化学防除

播后1 d～3 d，在墒情足够的情况下，用乙・莠・滴辛酯等药剂土壤封闭处理。

4.3.9　玉米苗期害虫

3叶～6叶期，蓟马、灰飞虱较重，用吡虫啉、噻虫嗪等喷雾防治。

4.3.10　玉米苗后杂草化学防除

播后苗前杂草未进行化学防除或防除效果不佳，玉米3叶～5叶期，用烟・硝・莠去津、烟嘧・莠・氯吡等三元复合除草剂茎叶喷雾处理。

4.3.11　玉米小喇叭口期病虫害防控

结合植物生长调节剂化控，杀虫剂选择虱螨脲、氯虫苯甲酰胺、辛硫磷、四氯虫酰胺等防治甜菜夜蛾、棉铃虫等鳞翅目害虫幼虫；杀菌剂选择苯醚甲环唑、丙环唑、三唑酮等防治褐斑病、顶腐病等。

4.3.12　玉米中后期害虫防控

杀虫剂选用虱螨脲、氯虫苯甲酰胺、辛硫磷、四氯虫酰胺等防治玉米螟、桃柱螟、棉铃虫等鳞翅目害虫幼虫，选用高效氯氟氰菊酯、吡蚜酮、吡虫啉喷雾防治玉米蚜虫；杀菌剂选用吡唑醚菌酯、丙环・嘧菌酯、肟菌・戊唑醇防治玉米大斑病、小斑病、灰斑病、弯孢叶斑病；用植保无人机连续喷施2次～3次，每次间隔5 d～7 d。操作要求应符合GB/T 25415的要求。

4.4　物理防治

4.4.1　灯光诱杀

在田间安装杀虫灯，安装高度距地面2 m～3 m。在金龟子、蝼蛄、棉铃虫（5月—9月）、黏虫（5月—8月）、玉米螟（7月—9月）、桃柱螟（8月—9月）等发生高峰期，杀虫灯应符合GB/T 24689.2的要求，田间施用应符合DB37/T 2599的要求。

4.5　生物防治

4.5.1　种植功能植物

农田周边水沟、畦埂等空地宜种植功能植物蛇床草，涵养瓢虫、食蚜蝇、草蛉、蚜茧蜂等天敌控制小麦、玉米上的蚜虫、鳞翅目低龄幼虫等。

4.5.2　释放赤眼蜂

利用赤眼蜂防治玉米螟。7月中旬初释放赤眼蜂防治2代玉米螟，8月上旬初释放赤眼蜂防治3代玉米螟、棉铃虫、桃蛀螟，选择近期无雨、无大风的天气，在清晨或傍晚气温较低时放蜂，放蜂前后10 d不施用化学农药，赤眼蜂应符合NY/T 1166的要求，田间释放应符合GB/T 27614的要求。每公顷15万头～22.5万头，分2次释放，间隔3 d～5 d。

4.5.3　使用生物农药防治病虫害

发病基数较低的田块，可选用木霉菌等拌种防治小麦纹枯病、小麦茎基腐病，井冈·枯芽菌等防治小麦全蚀病。

害虫发生基数较低的田块，可选用绿僵菌、白僵菌等喷雾防治麦蚜、玉米螟。用绿僵菌、白僵菌等药土法撒施防治蛴螬。用苏云菌杆菌、核型多角体病毒等喷雾防治棉铃虫、甜菜夜蛾、玉米螟。

小麦玉米"吨半粮"生产能力建设技术规范
第6部分：减损收获

(T/SAASS 102.6—2023)

1　范围

本文件规定了"吨半粮"生产条件下，小麦玉米减损收获的作业条件、机具选择、机器调整、作业规范。

本文件适用于山东省冬小麦-夏玉米一年两熟地区。

2　规范性引用文件

下列文件中的内容通过文中的规范性引用而构成本文件必不可少的条款。其中，注日期的引用文件，仅该日期对应的版本适用于本文件；不注日期的引用文件，其最新版本（包括所有的修改单）适用于本文件。

GB/T 21962　玉米收获机械

GB/T 30600　高标准农田建设　通则

JB/T 5117　全喂入联合收割机　技术条件

NY/T 995　谷物（小麦）联合收获机械　作业质量

NY/T 1355　玉米收获机作业质量

NY 2610　谷物联合收割机　安全操作规程

NY/T 3016　玉米收获机　安全操作规程

3　术语和定义

下列术语和定义适用于本文件。

3.1

减损收获　detract harvesting

通过机具正确选择和调整、驾驶操作、适时收获等技术，提升机械作业质量，减少籽粒损失的机械收获作业。

4　基本要求

4.1　作业条件

作物品种及种植模式规范一致、成熟度基本一致，无倒伏折伏或轻微倒伏；地面坡度不大于5°；土壤墒情以收割机轮胎（履带）不下陷为宜；农田基础设施符合GB/T 30600的要求。

4.2　机具选择

4.2.1　选择原则

收割机功能应符合当地作业要求，宜选择市场占有率较高的大品牌，宜选用配备北斗终端的（智能）联合收割机。

4.2.2 小麦收割机

小麦收割机应符合 JB/T 5117 的要求，宜选用喂入量 8 kg/s 及以上的纵轴流大型收割机。

4.2.3 玉米收获机

玉米收获机应符合 GB/T 21962 的要求。玉米穗收，宜选用拉茎辊与摘穗板组合式机型；玉米籽粒收，宜选用纵轴流机型。玉米收获应根据种植行距选择匹配的收获机割台，种植行距与割台割行中心距差在±5 cm 以内。

4.3 机具的检修与保养

作业季开始前，依据产品使用说明书对联合收割机进行全面检查与保养，确保机具以完好的技术状态在整个收获期正常工作；进行空载试运转，检查液压系统工作情况，液压管路和液压件的密封情况；检查轴承是否过热及皮带、链条的传动情况，以及各连接部件的紧固情况。

4.4 安全要求

驾驶操作人员及收割机作业应符合 NY 2610、NY/T 3016 的要求。

4.5 确定适宜收获时间和收获方式

4.5.1 小麦收割

蜡熟末期至完熟初期收获。植株茎秆全部黄色，叶片枯黄，茎秆尚有弹性，籽粒性状、颜色与原品种的特征相同，籽粒含水率 20% 左右。

4.5.2 玉米收获

完熟期收获。成熟标志为籽粒乳线基本消失、基部黑层出现，宜机械穗收。当籽粒含水率不大于 28% 时可采取籽粒收获。

4.6 收割作业前准备

4.6.1 机具检查

作业前，检查行走、转向、制动、灯光、收割、输送、脱粒、清选、卸粮等机构的运转、传动、操作、间隙等情况，检查有无异常响声和漏油、漏水、漏气等情况，发现问题及时解决。

4.6.2 调整割台

4.6.2.1 小麦收割机

调整拨禾轮的转速，使拨禾轮线速度为联合收割机前进速度的 1.1 倍～1.2 倍；调整拨禾轮高低位置，应使拨禾轮弹齿或压板作用在被切割作物高度的 2/3 处；调整拨禾轮前后位置，应视作物密度和倒伏程度而定，小麦群体密度大且有倒伏时，加装加长扶禾器并适当前移。

4.6.2.2 玉米收获机

根据玉米品种、果穗大小、茎秆粗细等调整拉茎辊与摘穗板组合式摘穗机构工作参数，拉茎辊间隙宜取 10 mm～20 mm；茎秆粗、植株密度大、作物含水率高时，间隙应适当大些，反之间隙应小些；摘穗板工作间隙应调整为玉米果穗平均直径的 2/3，宜为 35 mm 左右。选用摘穗辊式机型，根据玉米性状特点调整摘穗机构工作参数，摘穗辊间隙为茎秆直径的 30%～35%，调节范围为 4 mm～12 mm（从摘穗辊中部测量），通常宜取 5 mm～8 mm。

4.6.3 调整脱粒（剥皮）与清选工作部件

4.6.3.1 小麦收割机

脱粒滚筒转速宜为 1 100 r/min～1 200 r/min，凹版与滚筒之间的脱粒间隙宜为

10 mm～15 mm。在保证破碎率不超标的前提下，可适当提高脱粒滚筒的转速，减小滚筒与凹板之间的间隙，调整入口与出口间隙之比一般为 4：1。在保证含杂率不超标的前提下，可通过适当减小风扇风量、调大筛子的开度及提高尾筛位置等，减少清选损失。

4.6.3.2　玉米收获机

摘穗收获机，调整压送器与剥皮辊间距，压送轴上的星轮顶部距剥皮辊表面宜为 25 mm～40 mm；剥皮辊倾角宜取 10°～12°。籽粒收获机，推荐选用纵轴流脱粒滚筒配合圆杆式凹板结构；脱粒滚筒转速宜为 450 r/min～600 r/min，籽粒含水率低时低转速，含水率高时高转速，滚筒与凹板之间的间隙宜为 35 mm～55 mm。

4.6.4　试割

4.6.4.1　小麦收割机

正式收割前，应选择有代表性的地块进行试割。作业时，发动机油门定位应保持在额定转速位置。试割作业行长度以 30 m 左右为宜；根据田间情况确定适宜的收割速度，仔细检查损失率、破碎率、含杂率以及有无漏割、堵草、跑粮等情况，并以此为依据对拨禾轮弹齿倾角、割刀间隙、脱粒间隙、脱粒滚筒转速、筛子开度和风扇风量等参数进行相应调整，直至符合作业质量要求。

4.6.4.2　玉米收获机

正式收获前，应选择有代表性的地块进行试收。试收作业行长度以 30 m 左右为宜，检查果穗、籽粒损失、破碎、含杂等情况，根据实际的作业效果对摘穗辊（或拉茎辊、摘穗板）、输送、剥皮、脱粒、清选等参数情况进行相应调整，直至达到质量标准。

4.7　作业规范

4.7.1　作业行走路线

4.7.1.1　小麦收割机

宜采取顺时针向心回转、逆时针向心回转、梭形收割三种行走方法，机手可根据地块实际情况灵活选用。转弯时应停止收割，将割台升起，采用倒车法转弯或兜圈法直角转弯，不应边割边转弯。

4.7.1.2　玉米收获机

作业时保持直线行驶，对行收获，避免紧急转向。转弯时应停止收获，采用倒车法转弯或兜圈法直角转弯，不应边收边转弯，不应横向收获。

4.7.2　作业速度

4.7.2.1　小麦收割机

小麦联合收割机正常作业前进速度宜为 3.5 km/h～8 km/h，严禁为提升作业效率影响作业质量。作业时应根据喂入量、产量、株高、干湿程度等因素选择合理的作业速度，当喂入量大或植株含水量高时，应适当降低作业速度。作业过程中（包括收割作业开始前 1 min、结束后 2 min）应保持发动机在额定转速下运转，避免急加速或急减速。摘挡停车时，应保持小麦脱粒滚筒运转一段时间（2 min 左右），再减小油门熄火停车。

4.7.2.2　玉米收获机

作业前进速度宜为 3.5 km/h 左右，根据喂入量、产量、密度、株高、干湿程度等因素选择合理的作业速度，当生物量大、行距不规则、地形起伏不定或植株含水量高时，应适当降低作业速度，但不能降低发动机转速；严禁为追求效率提升前进速度。作业时应保证前进速度与拉茎辊转速、拨禾链速度同步。

4.7.3 作业幅宽

4.7.3.1 小麦收割机

当小麦产量、干湿度适中时，可满幅作业；当小麦产量过高、湿度过大时，以最低速度作业仍超载时，应减小割幅。

4.7.3.2 玉米收获机

在机械技术状态完好的情况下，宜满幅作业。当玉米行距宽窄不一，可不必满幅作业，避免剐蹭邻行茎秆。

4.7.4 留茬高度

4.7.4.1 小麦收割机

割茬高度应根据植株高度和地块的平整情况而定，留茬高度宜不大于 15 cm。

4.7.4.2 玉米收获机

摘穗收获时，留茬高度应根据植株高度和地块的平整情况而定，留茬高度宜不大于 8 cm。籽粒收获时，根据实际需要确定留茬高度。

4.7.5 倒伏收割

4.7.5.1 小麦收割机

适当降低割台高度，拨禾轮适当前移，拨禾弹齿后倾 $15°\sim30°$。倒伏较严重的作物，采取逆倒伏方向收获、降低作业速度、减少喂入量等措施。

4.7.5.2 玉米收获机

选用割台长度长、倾角小、分禾器尖能够接近地面作业的玉米收获机；有积水或土壤湿度大的地块，推荐选用履带式收获机；倒伏方向与种植行平行的玉米植株采取逆向对行收获方式，尽量降低割台高度。作业时应适当降低收获速度，断开秸秆还田装置动力或将该装置提升至最高位置。

4.8 维护保养

每天作业完毕应进行班次保养。收获季节作业结束后，应对机具进行全面清理、检查、维护保养，把收割机存放在通风、干燥库房中。收割机长期不用时，应降下割台并放在垫木上；卸下 V 形动力传送带，清洁槽轮；卸下蓄电池，单独存放，并做好维护保养。

4.9 作业质量

正常作业条件下，小麦收获损失率不大于 1.2%，籽粒破碎率不大于 1.5%，含杂率不大于 2.0%，检测方法可按照 NY/T 995 的规定进行；玉米果穗收获总损失率不大于 2.5%，籽粒破碎率不大于 0.6%，苞叶剥净率不小于 85%，含杂率不大于 0.8%，检测方法可按照 NY/T 1355 的规定进行；玉米籽粒收获总损失率不大于 3.0%，籽粒破碎率不大于 4.5%，含杂率不大于 2.0%，检测方法可按照 GB/T 21962 的规定进行。

小麦玉米"吨半粮"生产能力建设技术规范
第7部分：产量测定与种植效益评价

（T/SAASS 102.7—2023）

1　范围

本文件规定了"吨半粮"生产能力建设小麦、玉米田间测产的田间测产方法和小麦、玉米种植效益评价方法。

本文件适用于山东省冬小麦-夏玉米一年两熟地区生产。

2　规范性引用文件

本文件没有规范性引用文件。

3　术语和定义

下列术语和定义适用于本文件。

3.1

样方　sample plot

用于测量作物产量而随机设置的具有代表性的小面积取样地块。

3.2

含杂率　impurity rate

机械收获时，籽粒样本杂质质量占全部籽粒样本质量的百分比。

4　测产准备

4.1　专家组成

专家组一般5人～7人，由与农业生产相关的农学、种子、农技、植保、土肥、农机等部门专家组成，成员一般需具备副高级及以上专业技术资格。

4.2　资料准备

测产单位应向专家组提供测产田块的四至边界、面积、主要种植品种、田间管理资料，以及初测理论产量数据，并准备无伸缩性的钢卷尺、钢尺、天平、台秤、纱网袋、谷物水分测定仪、记录本等设备和工具。

5　小麦测产

5.1　理论测产
5.1.1　取样方法

6 667 hm² 以上（包括6 667 hm²）地块，根据地块的自然分布划分为10个左右的自然片，每个自然片以33.3 hm²为1个测产单元。6 667 hm²以下地块，每33.3 hm²1个测产单元，每单元按对角线取样法取 3 个测产样方。每个样方取 1 m²，调查有效穗数。

5.1.2 穗数和穗粒数测定

1 hm² 穗数＝10 000×穗数/m²。框内连续计数有经济产量的 20 穗，测定穗粒数，取平均值。样方穗粒数取 5 点平均值。

5.1.3 理论产量

理论产量计算按照公式（1）执行。千粒重按该品种审定公告计。

$$T_y = S \times N_s \times G_w \times 10^{-6} \times 0.85 \quad\cdots\cdots\cdots\cdots\cdots\cdots (1)$$

式中：

T_y ——理论产量，单位为千克/公顷（kg/hm²）；

S ——1 hm² 穗数；

N_s ——穗粒数；

G_w ——千粒重，单位为克（g）；

0.85——系数。

5.2 实收测产

5.2.1 取样方法

在理论测产的单元中随机抽取 0.2 hm² 以上连片田块用联合收割机实收，除去麦糠杂质后称重并计算产量。实收面积内不去除田间灌溉沟面积，但去除坟地、灌溉主渠道面积；田间落粒不计算重量。

5.2.2 机械收获

收获前机械需清仓，机械收获籽粒并装袋称重后，去除袋子重量。按四分法取 2.5 kg 籽粒称重、去杂质，计算含杂率。用谷物水分测定仪测定籽粒含水率，重复 10 次，取平均数。

5.2.3 计算产量

实收地块产量计算按照公式（2）执行。测产产量为所有样方平均值。

$$Y = \frac{10000 \times W \times (1-z) \times (1-M_c)}{S \times 0.87} \quad\cdots\cdots\cdots\cdots\cdots\cdots (2)$$

式中：

Y ——实收地块产量，单位为千克/公顷（kg/hm²）；

W ——籽粒鲜重，单位为千克（kg）；

z ——含杂率，单位为百分号（%）；

M_c ——籽粒含水率，单位为百分号（%）；

S ——实收面积，单位为米²（m²）；

0.87——系数。

6 玉米测产

6.1 理论测产

6.1.1 取样方法

6 667 hm² 以上（包括 6 667 hm²）地块，根据地块的自然分布划分为 10 个左右的自然片，每个自然片以 33.3 hm² 为 1 个测产单元。6 667 hm² 以下地块，每 33.3 hm²1 个测产单元，每单元按对角线取样法取 3 个测产样点。

6.1.2　调查穗数

每个取样方测量有代表性的 10 行以上，计算平均行距；在 10 行中选取有代表性的 20 m 双行，去除空秆植株和无经济产量的植株，统计穗数，包含一株多穗，计算 1 hm² 穗数。每样方重复 2 次取平均值。

6.1.3　调查穗粒数

取样方内连续计数 20 穗，计数穗行数和行粒数，根据穗行数和行粒数计算单穗穗粒数，重复 2 次，平均穗粒数为 40 个果穗粒数的平均数。

6.1.4　理论产量

样方理论产量计算按照公式（3）执行。百粒重按该品种审定公告计。测产地块理论产量为各样方理论产量的平均值。

$$T_y = S \times N_w \times G_m \times 10^{-5} \times 0.85 \quad\cdots\cdots\cdots\cdots\cdots\cdots\cdots\cdots\cdots（3）$$

式中：

T_y　——理论产量，单位为千克/公顷（kg/hm²）；

S　——1 hm² 穗数；

N_w　——平均穗粒数；

G_m　——千粒重，单位为克（g）；

0.85——系数。

6.2　实收测产

6.2.1　机械穗收

6.2.1.1　取样方法

在理论测产的单元中随机抽取 0.2 hm² 以上连片田块。地头要去除 1 m，两边未种植玉米时去除边行。宽度按垂直种植方向两边各外延半个行距，长度顺种植方向各外延半个株距。丈量地块四边，按长宽平均数计面积。收获全部果穗称重。如果用玉米联合收割机收获，收割前由专家组对联合收割机进行清仓检查。

6.2.1.2　机械收获

机械收穗。收获全部果穗，称取鲜果穗重，选取有代表性果穗，隔 2 取 1，连续抽取 60 个果穗作为标准样本测定鲜穗出籽率，用谷物水分测定仪测定籽粒含水率，重复 10 次，取平均数。

鲜穗重按照公式（4）执行。

$$W_y = \frac{W_s \times 10000}{S} \quad\cdots\cdots\cdots\cdots\cdots\cdots\cdots\cdots\cdots（4）$$

式中：

W_y——单位面积玉米鲜穗重，单位为千克/公顷（kg/hm²）；

W_s——实收重量，单位为千克（kg）；

S　——实收面积，单位为米²（m²）。

出籽率按照公式（5）执行。

$$P=\frac{W}{M_{w}}\times100\% \quad\cdots\cdots (5)$$

式中：

P ——出籽率，单位为百分号（%）；

W ——样品籽粒鲜重，单位为千克（kg）；

M_{w}——样品鲜果穗重，单位为千克（kg）。

6.2.1.3 产量计算

实收地块产量计算按照公式（6）执行。测产大方产量为所有样方平均值。

$$Y=\frac{W_{y}\times P\times(1-M_{c})}{0.86} \quad\cdots\cdots (6)$$

式中：

Y ——实收地块产量，单位为千克/公顷（kg/hm²）；

W_{y} ——单位面积鲜穗重，单位为千克/公顷（kg/hm²）；

P ——出籽率，单位为百分号（%）；

M_{c} ——籽粒含水率，单位为百分号（%）；

0.86 ——系数。

6.2.2 机械粒收

6.2.2.1 取样方法

在理论测产的单元中随机抽取 0.2 hm² 以上连片田块。地头要去除 1 m，两边未种植玉米时去除边行。宽度按垂直种植方向两边各外延半个行距，长度顺种植方向各外延半个株距。丈量地块四边，按长宽平均数计面积。收割前由专家组对收割机进行清仓检查，田间落粒不计算重量。

6.2.2.2 机械收粒

收获全部籽粒装袋称重，籽粒总重需去除袋子重量。用谷物水分速测仪测定籽粒含水率，重复 10 次取平均值；按四分法取 2.5 kg 进行称重、去杂，测定含杂率。

6.2.2.3 计算产量

实收地块产量计算按照公式（7）执行。

$$Y=\frac{10000\times W\times(1-z)\times(1-M_{c})}{S\times0.86} \quad\cdots\cdots (7)$$

式中：

Y ——实收地块产量，单位为千克/公顷（kg/hm²）；

W ——籽粒鲜重，单位为千克（kg）；

z ——含杂率，单位为百分号（%）；

M_{c} ——籽粒含水率，单位为百分号（%）；

S ——实收面积，单位为米²（m²）；

0.86 ——系数。

6.2.3 人工收获

6.2.3.1 取样方法

在理论测产的单元中随机抽取 0.2 hm² 以上连片田块。地头要去除 1 m，两边未种植玉米时去除边行。宽度按垂直种植方向两边各外延半个行距，长度顺种植方向各外延半个株距。丈量地块四边，按长宽平均数计面积。人工收获所有有经济产量的果穗，装袋称重后去掉袋重。

6.2.3.2　出籽率及含水率测定

计数所有果穗数量，计算单穗鲜重。选取 20 穗，平均穗重为收获面积上平均单穗鲜重，人工脱粒，计算出籽率。用谷物水分速测仪测定籽粒含水率，重复 10 次，取平均值。

6.2.3.3　计算产量

实收地块产量计算按照公式（8）执行。

$$Y = \frac{W_y \times P \times (1 - M_c)}{0.86} \quad\cdots\cdots\cdots\cdots\cdots\cdots\cdots\cdots\cdots\cdots\cdots \quad (8)$$

式中：

Y ——实收地块产量，单位为千克/公顷（kg/hm²）；

W_y ——单位面积鲜穗重，单位为千克/公顷（kg/hm²）；

P ——出籽率，单位为百分号（%）；

M_c ——籽粒含水率，单位为百分号（%）；

0.86 ——系数。

7　成本收益统计

7.1　基础数据调查

7.1.1　调查范围

选取建设区内有代表性的农户和新型经营主体各 50 户，调查小麦玉米两季种植成本及收益，农户为种植自有农田的农民，新型经营主体单季种植面积≥3.3 hm²，农户和新型经营主体均需小麦玉米周年种植。

7.1.2　产量调查

调查每生长季内 1 hm² 作物主产品产量和副产品产量。

7.1.3　产值调查

调查每生长季内 1 hm² 作物主产品产值和副产品产值，主产品出售量和主产品出售价值，副产品取总值，计算总产值。

7.1.4　成本调查

依据附录 A 开展调研，详细调查每生长季内 1 hm² 作物总成本，总成本即为生产成本，包括物质费用、人工成本等，物质成本包括土地折合租金、种子、农药、化肥、灌溉、机械、烘干等环节成本，人工成本包括前茬作物收获后至当茬作物收获时间段内所有用工成本，用工数量取所代表的范围内的平均调查值，用工单价取当地同样工作平均价格。

7.1.5　收益调查

调查每生长季内 1 hm² 作物净产值、纯收益、成本纯收益率。

7.2 主产品成本收益

7.2.1 平均出售价格

每1 kg主产品平均出售价格。

7.2.2 总成本

前茬作物收获至本茬作物收获时间段内所有物质和人工成本。

7.2.3 收益调查

纯收益为主产品价值＋副产品价值－总成本。收益率为纯收益与总成本比值。

附 录 A

（规范性）

作物生产成本收益

作物生产成本收益见附表 A.1。

附表 A.1 作物生产成本收益

调查作物品种：

指标名称		单位	调查结果
1 hm²	主产品产量	kg	
	副产品产量	kg	
	产值合计	元	
	主产品产值	元	
	副产品产值	元	
	总成本	元	
	生产成本	元	
	物质费用	元	
	人工成本	元	
	用工数量	个	
	用工日工价	元	
	净产值	元	
	纯收益	元	
	成本纯收益	%	
每50 kg主产品	平均出售价格	元	
	总成本	元	
	生产成本	元	
	物质费用	元	
	净产值	元	
	纯收益	元	
每一劳动日	主产品产量	元	
	净产值	元	
1 hm²	主产品出售量	kg	
	主产品出售价值	元	

主要参考文献

蔡斌，禚其翠，王法宏，等，2019. 冬前镇压和灌溉对冬小麦植株形态和产量的影响［J］. 中国农业大学学报，24（10）：30-38.

陈建，王立立，王婧，2023. 德州市"吨半粮"生产能力建设存在问题及对策［J］. 农业科技通讯（3）：16-18，186.

韩小伟，高英波，张慧，等，2019. 氮肥统筹对麦玉周年产量及氮肥利用效率的影响［J］. 山东农业科学，51（4）：79-84，2.

李娜，张文文，2023. 德州市"吨半粮"生产能力测度及对策研究［J］. 现代农机（3）：19-21.

李启明，刘相民，范传林，2016. 齐河县粮食生产高产稳产的成功之路［J］. 农业科技通讯（4）：16-17.

李庆方，吕鹏，高士陆，等，2020. 不同时期镇压对宽幅播种小麦产量的影响［J］. 农业科技通讯（11）：110-112.

李霞，张吉旺，任佰朝，等，2014. 小麦玉米周年生产中耕作对夏玉米产量及抗倒伏能力的影响［J］. 作物学报，40（6）：1093 1101.

李宗新，曲树杰，李文才，2015. 玉米丰产增效栽培［M］. 北京：中国农业出版社.

李宗新，王良，刘树堂，等，2020. 冬小麦-夏玉米周年水肥高效利用［J］. 中国农业科学，53（21）：4333-4341.

吕鹏，鞠正春，高瑞杰，等，2018. 山东省大田条件下小麦宽幅精播适宜播种量研究［J］. 山东农业科学，50（5）：34-37.

彭强吉，位国建，荐世春，等，2020. 玉米苗带清茬施肥播种联合作业机研制［J］. 农机化研究，42（6）：36-40.

全国政协农业农村研究智库课题组，2022. 牢牢把住"国之大者"粮食安全底线——学习贯彻习近平总书记参加全国政协联组会上的重要讲话精神［J］. 人民论坛，734（7）：6-10.

王法宏，司纪升，张宾，等，2014. 小麦良种选择与丰产栽培技术［M］. 北京：化学工业出版社.

王雪，谷淑波，林祥，等，2023. 微喷补灌水肥一体化对冬小麦产量及水分和氮素利用效率的影响［J］. 作物学报，49（3）：784-794.

王义，张莹莹，2015. 齐河县推进粮食增产模式攻关 提升整建制高产创建水平［J］. 中国农技推广，31（4）：14-15，28.

胥爱珍，韩立军，2010. 我市今秋实施整建制粮食高产创建［N］. 德州日报，09-29（002）.

徐杰，周帅，刘灵艳，等，2020. 收播期调控对小麦-玉米周年产量及资源利用效率的影响［J］. 山东农业科学，52（10）：100-107.

杨梦帆，2022. 今年全国粮食总产量13731亿斤，增产74亿斤［N］. 农民日报，12-13（001）.

余松烈，于振文，董庆裕，等，2010. 小麦亩产 789.9kg 高产栽培技术思路 [J]. 山东农业科学（4）：11-12.

张宾，王法宏，2016. 小麦高产高效栽培技术 [J]. 农业知识（25）：9-11.

赵斌，李宗新，李勇，等，2020. 冬小麦-夏玉米周年光温资源高效利用 [J]. 中国农业科学，53（19）：3893-3899.